25 €

18/11/11

Lectures sur les Mathématiques, l'enseignement & les concours

Sous la direction de
Dany-Jack Mercier

Lectures sur les Mathématiques, l'enseignement & les concours

Volume 3 : Spécial oral des concours

F. Teilhaud . Oraux d.agrégation interne 2010.
D.-J. Mercier . Une expérience en préparation concours.
D.-J. Mercier . Comptes rendus d.oraux 2010.
M.-D. Marie-Alie . Enseigner les mathématiques.
F. Mercier . Le théorème de Watts.
F. Mercier . Deux théorèmes sur les graphes.

Publibook

Retrouvez notre catalogue sur le site des Éditions Publibook :

http://www.publibook.com

Éditions Publibook
14, rue des Volontaires
75015 PARIS – France
Tél. : +33 (0)1 53 69 65 55

IDDN.FR.010.0116299.000.R.P.2011.030.31500

Cet ouvrage a fait l'objet d'une première publication aux Éditions Publibook en 2011

Table des matières

Avant-propos

Voici un **numéro spécial sur les oraux des concours**. Les trois premiers articles représentent en volume 85% de la revue et traitent d'oraux d'agrégations internes et de CAPES.

▷ Le premier article, proposé par Frédérique Teilhaud, nous mène sur des sentiers probabilistes au sein de quatre exercices bien choisis, destinés à comprendre en quoi l'étude des probabilités peut servir à démontrer des résultats dans d'autres domaines des mathématiques.

Cet article de première main décrit minutieusement deux oraux d'agrégation interne passés en avril 2010 et nous permet de lire des conseils avisés. Qui plus est, l'auteure a obtenu 19,4/20 à l'épreuve orale d'exemples et exercices sur ce sujet n°442 intitulé "Exercices faisant intervenir les probabilités", et le rapport du jury 2010 parle de sa prestation en termes élogieux :

> "On apprécierait la présentation d'au moins un exercice présentant une application des probabilités à l'algèbre ou à l'analyse (par exemple, le théorème de Weierstrass ou la fonction d'Euler, etc.). Les illustrations informatiques autour de la méthode de Monte-Carlo ont été et seront appréciées (le jury a notamment apprécié le travail d'une candidate qui avait trouvé moyen de simuler le tirage aléatoire d'un point dans un carré et un disque inclus dans le carré au moyen d'un logiciel de géométrie)." ([10], p. 63)

Dans une seconde partie, Frédérique Teilhaud décrit son exposé sur les groupes symétriques où elle a obtenu 14,20/20. Elle montre précisément les attentes d'un jury d'agrégation interne quand il écrit dans ses rapports :

> "Les exemples d'applications de ces groupes aux déplacements et/ou isométries sont souvent évoqués mais les candidats arrivent rarement à les interpréter : par ailleurs l'étude du groupe des isométries qui conservent un tétraèdre régulier peut faire l'objet d'un développement intéressant."

---

[0]revue3 v1.00

▷ Les 61 questions "de feu" posées dans le second article font partie de celles qui indiquent au jury d'oral du CAPES si le candidat maîtrise véritablement les notions qu'il emploie. Une bonne partie de ces questions sont livrées avec des réponses qui permettront au lecteur de se tester, mais l'objectif véritable de cet article n'est pas là.

Dans "*Une expérience eu préparation concours*", la question posée est :

> Comment maîtriser les contenus primordiaux pour les rendre disponibles quand on se trouve en situation d'examen ou de concours, en particulier pendant un oral ?

Après un état des lieux qui montre combien les candidats perdent facilement des points à l'écrit sur des résultats classiques, l'auteur propose plusieurs pistes d'actions.

L'idée est d'*atomiser les connaissances fondamentales* et de les faire siennes en *organisant des retours programmés.* Le travail d'un formateur IUFM consiste alors à dégager les fondamentaux à connaître, puis définir une méthode de travail en présentiel pour aider chacun à retrouver ces savoirs et les assimiler.

Vaste programme qui s'articulera entre des Interrogations Orales de Cours (IOC), des Interrogations Ecrites sur les Fondamentaux (IEF) qui peuvent être des examens de masters, et une Evaluation Par Contrat de Confiance (EPCC) chère à André Antibi.

On notera que les méthodes d'action proposées sont tout à fait applicables à d'autres niveaux d'enseignement, par exemple en collège ou en lycée, moyennant quelques adaptations structurelles.

▷ Le troisième article nous offre sept comptes rendus détaillés d'oraux 2010 recueillis auprès de candidats au CAPES. Ces textes apportent une coloration vraie sur ce qui se passe dans le huis-clos d'une salle d'oral. Ils nous permettent d'être présents et de comprendre les objectifs du jury pour éviter certains écueils.

▷ La revue s'achève sur trois articles courts, mais toujours intéressants. Le premier article nous fait réfléchir sur la *nécessité de résoudre des problèmes et de proposer des activités* pour enseigner les mathématiques.

Marie-Denise Marie-Alie, qui sait de quoi elle parle puisqu'elle enseigne en préparation au CAPE en Guadeloupe depuis de nombreuses années, pose deux questions importantes :

- Pourquoi des enfants à qui on demande s'ils aiment les mathématiques répondent-ils « oui, mais pas les problèmes » ?

• Pourquoi les élèves perçoivent-ils les activités mathématiques comme des applications de formules, des utilisations d'outils pour faire des figures sans jamais évoquer les problèmes ou leur résolution ?

Pour répondre à ces questions, il s'agit de comprendre comment se déroulent les séances d'apprentissage en mathématiques et de déterminer les perceptions véhiculées par les enseignants pour aboutir à de tels effets.

$\triangleright$ Les deux derniers articles, proposés par Fabien Mercier, sont des ouvertures vers des grands domaines des mathématiques.

Le premier article se donne pour but de démontrer le Théorème de Watts qui énonce l'équivalence entre un foncteur de la catégorie des modules, exact à droite et préservant les sommes directes, et l'existence d'un bimodule et d'un isomorphisme fonctoriel. Ce Théorème permet de déterminer quand un foncteur donné sous sa forme abstraite est un produit tensoriel. L'intérêt de cet article réside aussi dans la volonté de :

- redéfinir les structures algébriques classiques d'algèbres et de modules,
- présenter la notion de produit tensoriel,
- revenir sur les définitions des catégories et des foncteurs.

Toutes les définitions nécessaires à la compréhension du Théorème de Watt sont données, ce qui fait de ce travail une ouverture qui permet d'apprécier un domaine particulier des mathématiques.

Le second article présente et démontre deux Théorèmes classiques de la Théorie des graphes, à savoir le Théorème de Hall et le Théorème de Gallai-Milgram, après une introduction efficace qui permet à tout un chacun de se mettre rapidement "au parfum" de cette discipline !

Pointe-à-Pitre, le 10 janvier 2011
Dany-Jack Mercier

Chapitre 1

Oraux d'agrégation interne 2010

Les probabilités comme outil de démonstration, méthodes d'approximation de π et applications du groupe des permutations.

(Frédérique Teilhaud[1])

Résumé — Professeure certifiée de mathématiques depuis 1997, j'ai bénéficié d'un congé formation d'une année pour préparer l'agrégation interne. J'ai être reçue à la session 2010 au 22e rang en partie grâce à de très bonnes notes obtenues à l'oral.
A travers cet article, je voudrais décrire de façon détaillée ce que j'ai présenté lors de mes oraux et analyser mes choix et les réactions du jury. J'espère que ce travail permettra aux futurs collègues de mieux appréhender ces épreuves telles qu'elles ont été définies à partir de la session 2010, et de s'organiser dans une préparation bien ciblée.
Depuis la session 2010, tous les ouvrages comportant un numéro ISBN sont autorisés pendant la préparation des épreuves orales, et cela semble indiquer que la qualité et le choix du développement, les réponses aux questions, et la présentation motivée des exercices, pèseront de plus en plus dans la note. Il est vrai que, pour un candidat à l'oral et quelle que soit sa préparation, les questions du jury restent la grande inconnue de l'épreuve. C'est pour cette raison que j'ai volontairement insisté sur ce questionnement.
Cet article s'adresse prioritairement aux candidats à l'agrégation interne et aux personnes intéressés par les épreuves orales.

[1] Professeure agrégée de mathématiques, IREM de Guadeloupe, f_teilhaud@yahoo.fr.

1.1 Epreuve d'exercices : probabilités

Le sujet choisi porte le titre : "*Exercices faisant intervenir les probabilités*". Je dois proposer une liste d'exercices et les présenter. Je retiens quatre exercices dont je recopie les énoncés sur ma "fiche du jury" :

1.1.1 Fiche du jury

Exercice 1.1 ***(Arithmétique : calcul de la fonction d'Euler[2])***
Soit n un entier supérieur ou égal à 2. On note :

$$\Phi(n) = \text{Card}\,\{1 \leq p \leq n \,/\, \text{pgcd}(p\,;n) = 1\}\,.$$

Soit $n = \prod_{i=1}^{k} p_i^{\alpha_i}$ la décomposition de n en produit de facteurs premiers. Le but est de démontrer que :

$$\Phi(n) = n \prod_{i=1}^{k} \left(1 - \frac{1}{p_i}\right).$$

On tire au hasard un entier compris entre 1 et n. On note A l'événement "le nombre obtenu est premier avec n", et pour $i \in \{1, ..., k\}$, on note A_i l'événement "le nombre est divisible par p_i".

1. Définir un espace probabilisé modélisant cette expérience aléatoire.

2. Exprimer $P(A)$ en fonction de $\Phi(n)$ et n.

3. Montrer que $\forall i \in \{1, ..., k\}$, $P(A_i) = 1/p_i$.

4. Démontrer que les événements $A_1, ..., A_k$ sont mutuellement indépendants.

5. Exprimer A en fonction des A_i et conclure.

Exercice 1.2 ***(Démonstration du théorème de Stone-Weierstrass)***
Il s'agit du théorème suivant : toute fonction continue sur $[0;1]$ (plus généralement sur tout compact $[a;b]$) est limite uniforme d'une suite de polynômes. Autrement dit, il existe une suite (P_n) d'éléments de $\mathbb{R}[X]$ telle que :

$$\sup_{x\in[0;1]} |P_n(x) - f(x)| \underset{n\to+\infty}{\longrightarrow} 0.$$

On va démontrer que la suite de polynômes (P_n) définie par :

$$\forall n \geq 1, P_n(x) = \sum_{k=0}^{n} \binom{n}{k} x^k (1-x)^{n-k} f(\frac{k}{n})$$

convient (ces polynômes sont appelés polynômes de Bernstein).
On se place sur un espace probabilisé $(\Omega; A; P)$. Pour tout $x \in [0;1]$, on considère une suite de variables aléatoires réelles (X_i) indépendantes et de même

[2] Il s'agit d'un extrait "adapté" de la seconde composition du CAPES externe 2003.

loi de Bernoulli de paramètre x.

1. Soit $S_n = \sum_{i=1}^{n} X_i$. Quelle est la loi de S_n ?

2. Comme f est une fonction continue sur le compact [0 ;1], elle est uniformément continue d'où :

$$\forall \varepsilon > 0, \ \exists \alpha > 0, \ |x - y| \leq \alpha \ \Rightarrow \ |f(x) - f(y)| < \varepsilon.$$

On pose alors $I = \left\{ k \in \{1, ..., n\} \, / \, \left| \frac{k}{n} - x \right| < \alpha \right\}.$

Calculer $P\left(\left| \frac{S_n}{n} - x \right| \geq \alpha \right)$, *et montrer que :*

$$|P_n(x) - f(x)| \leq \varepsilon + 2M \, P\left(\left| \frac{S_n}{n} - x \right| \geq \alpha \right) \quad \text{où } M = \sup_{x \in [0;1]} \{|f(x)|\}.$$

3. A l'aide de l'inégalité de Bienaymé-Tchebychev, majorer la probabilité $P\left(\left| \frac{S_n}{n} - x \right| \geq \alpha \right)$, puis conclure.

Exercice 1.3 ***(Méthode de Monte-Carlo pour l'approximation de π)***
On simule une pluie aléatoire de points M dans un carré de côté 1. Soit C, le quart de cercle unité inscrit dans le carré. Soit $(X_i)_{i \in \mathbb{N}}$une suite de variables aléatoires réelles indépendantes telles que :

$$X_i = \begin{cases} 1 \ si \ M \in C \\ 0 \ si \ M \notin C. \end{cases}$$

1. Soit (Z_n) la suite définie pour tout n>1 par $Z_n = \frac{1}{n} \sum_{i=1}^{n} X_i$.
Montrer que cette suite converge vers $\pi/4$ en probabilités.

2. Modéliser cette expérience aléatoire à l'aide d'un logiciel et donner une approximation de π.

Exercice 1.4 ***(Exercice concret)***
On désire tester un dé pour savoir s'il n'est éventuellement pas pipé. Combien de lancers doit-on effectuer pour pouvoir affirmer, avec un risque d'erreur inférieur à 5%, que la fréquence d'apparition du 6 au cours de ces lancers diffère de 1/6 d'au plus 0,01 ?

1.1.2 Présentation des exercices et commentaires

Depuis la session 2010, tous les livres comportant un numéro ISBN sont autorisés, c'est-à-dire en particulier les recueils d'exercices classés par thèmes ou les livres proposant des séquences d'exercices "clés en main".

Je me doute que cela va rendre le jury plus exigeant sur cette partie de présentation des exercices, et il me semble important d'essayer de remplir le cahier des charges tel qu'on peut le lire dans le rapport du jury de la session précédente. Je recommande d'ailleurs vivement la lecture des derniers rapports qui paraissent après chaque session du concours.

Motiver le choix d'une liste d'exercices, c'est :

- expliquer la pertinence de ce choix,
- préciser les prérequis,
- parler des outils utilisés pour leurs résolutions,
- situer les exercices dans leur contexte,
- commenter leur apport sur le plan pédagogique...

Tout cela doit faire l'objet d'une réflexion personnelle et d'un réel questionnement.

Il me semble important de bien faire la différence entre des exercices que l'on présenterait pour ce sujet et ceux que l'on présenterait pour le sujet intitulé : "Exercices SUR les probabilités" ou "Exercices DE probabilités". Ici il s'agit du sujet : "Exercices FAISANT INTERVENIR les probabilités", c'est pour cela que j'ai fait le choix de présenter des exercices qui ne sont pas des exercices de probabilités mais des exercices dont le résultat fait partie d'un autre domaine des mathématiques et dont la résolution peut se faire en utilisant les probabilités.

Une fois que le sujet est bien compris, il faut essayer de trouver un fil conducteur pour le choix des exercices. Ici, j'ai fait mon choix autour de deux critères : essayer de présenter des domaines des mathématiques différents et en même temps utiliser des résultats de probabilités variés.

Enfin, l'ordre dans lequel sont présentés les exercices pourrait suivre la progression d'un cours de probabilités de Licence.

Exercice 1.1 : Cet exercice nous permet de démontrer une célèbre formule d'*arithmétique* dont il existe d'autres démonstrations qui n'utilisent pas les probabilités.
Les outils probabilistes utilisés dans la démonstration sont :

- les notions de base concernant les espaces probabilisés ;
- le calcul de probabilités par dénombrement ;
- l'indépendance d'événements, et en particulier la propriété : l'indépendance des A_i entraîne l'indépendance de leurs complémentaires.

Les questions sont volontairement détaillées, et cet exercice pourrait être proposé en application d'un cours sur les espaces probabilisés.

Exercice 1.2 : Cet exercice nous permet de démontrer un fameux théorème d'*analyse* : le théorème de Stone-Weierstrass dont il existe évidemment d'autres démonstrations qui n'utilisent pas les probabilités.
Ce théorème possède de nombreuses applications comme le théorème des moments ou l'injectivité de la transformation de Laplace.
Les outils probabilistes utilisés dans la démonstration sont :

- la connaissance des lois binomiales et de Bernoulli ;
- les propriétés de l'espérance et de la variance ainsi que leurs valeurs pour une loi binomiale ;
- l'inégalité de Bienaymé-Tchebychev.

Les questions sont là encore détaillées et des rappels sur la continuité uniforme sont donnés. Si ceux-ci sont omis, cet exercice devient un exercice de recherche qui couvre plusieurs domaines des mathématiques plutôt qu'un exercice orienté sur la pratique des probabilités.

Exercice 1.3 : Cet exercice qui peut être classé dans le domaine de l'*algèbre* permet d'obtenir une approximation de π par une méthode de Monte-Carlo. Cette méthode d'approximation n'est pas la meilleure pour calculer π mais elle est particulièrement utilisée pour calculer des intégrales multiples.

L'outil probabiliste utilisé pour la partie théorique est la loi faible des grands nombres.

L'intérêt de présenter cet exercice est aussi de pouvoir remplir au mieux le cahier des charges de cette épreuve d'exercices de la session 2010 où nous avions à notre disposition, pour la première fois, un ordinateur muni de plusieurs logiciels. On peut présenter cette simulation soit en utilisant un tableur, soit en utilisant le logiciel Géoplan.

Donnons les différentes étapes permettant de créer la simulation sur Géoplan et obtenir une approximation de π :

1. Créer un carré de côté 1.

Par exemple, en faisant :
Menu "Créer/Point/Point repéré/dans le plan",
Créer les points :
O point de coordonnées $(0, 0)$ dans le repère $Roxy$
I point de coordonnées $(1, 0)$ dans le repère $Roxy$
J point de coordonnées $(0, 1)$ dans le repère $Roxy$
A point de coordonnées $(1, 1)$ dans le repère $Roxy$
Puis créer le carré $OIAJ$:
Menu "Créer/Ligne/Polygone/Polygone défini par ses sommets".

2. Créer le quart de cercle unité à l'intérieur du carré.
Par exemple, en faisant :
Menu"Créer/Ligne/Arc de cercle/Arc défini par extrémités et centre"

3. Créer un cadre, ici le carré $OIAJ$, qui permettra de limiter la position d'un point libre M :
Menu : "Créer/cadre"

4. Créer un point libre M dans le cadre :
Menu "Créer/Point/Point Libre/dans un cadre"

5. Créer 2 entiers libres s et t (t comptera le nombre total d'impacts et s le nombre d'impacts dans le quart de cercle) :
Menu "Créer/Numérique/Variable entière libre"

6. Créer un calcul numérique :

$$\pi = 4 \times \frac{s}{t}.$$

Menu "Créer/Numérique/ Calcul algébrique"

7. Créer un affichage pour la valeur approchée de π :
Menu "Créer/Affichage/Variable numérique déjà définie"

8. Créer une commande d'initialisation des valeurs de t et s à l'appui sur la touche O (affecter 1 et 1) :
Menu " Créer/Commande/Affectation"

9. Créer une commande aléatoire pour afficher un point M dans le cadre à l'appui de la touche M :
Menu " Créer/Commande/Affectation aléatoire"

10. Créer une commande permettant de conserver la trace des impacts du point M à l'appui de la touche M :
Menu " Créer/ Commande/ Trace"

11. Créer une commande d'incrémentation pour les variables s et t à l'appui de la touche M (voir FIG. 1.1) :
Menu "Créer/ Commande/ Affectation"
Remarque : La touche μ est également disponible au clavier.

12. Créer une commande de répétition à l'appui de la touche M (voir FIG. 1.2) :
Menu "Créer/ Commande/ Répétition de commandes"

FIG. 1.1 – Ecran de création de commande de comptage des impacts

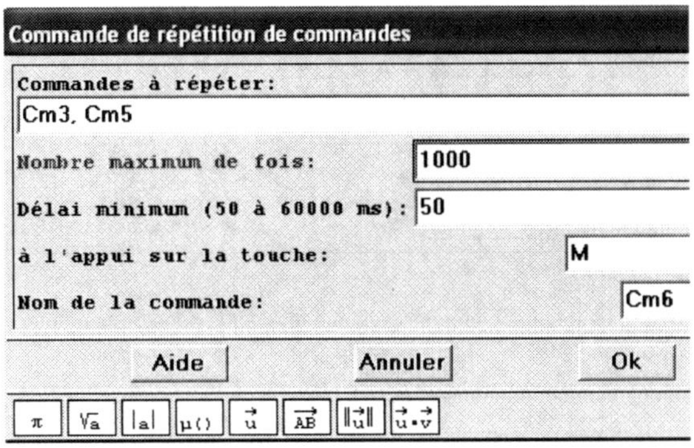

FIG. 1.2 – Ecran de création de répétition de commandes

Pour lancer l'application, appuyer sur la touche O puis sur la touche M : c'est parti !

La FIG.1.3 ci-dessous montre ce que l'on peut obtenir comme approximation de π après 1000 impacts, et les traces de ces impacts :

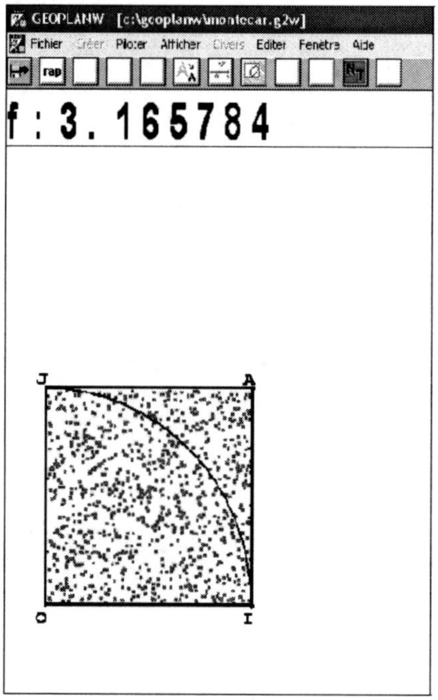

FIG. 1.3 – Sortie écran de Géoplan

Exercice 1.4 : Exercice concret du domaine des *statistiques.*

Cet exercice peut être résolu de deux façons différentes, soit en utilisant de nouveau l'inégalité de Bienaymé-Tchebychev, ce qui donnera un nombre de lancers nécessaires supérieur à 27 778, soit en utilisant le Théorème Central Limite et une table de la loi normale centrée réduite qui donnera un nombre de lancers nécessaires supérieur à 5 336.

On constate un net écart entre ces deux résultats. Ce n'est pas surprenant puisque l'inégalité de Bienaymé-Tchebychev possède un intérêt théorique (elle permet par exemple de démontrer la loi faible des grands nombres) mais propose numériquement une majoration très médiocre, de sorte que l'on préfère souvent utiliser le Théorème Central Limite.

L'énoncé est volontairement peu détaillé. Etant donné les outils utilisés, cet exercice pourrait être proposé à la fin d'un cours de probabilités.

Remarque : Les Exercices 1.2 et 1.4 sont tirés du chapitre 8 de l'excellent livre de probabilités de Jérôme Escoffier [3].

1.1.3 Développement

A. Nature de l'épreuve, conseils

C'est au candidat que revient le choix de l'exercice développé. Il faut que celui-ci soit suffisamment consistant pour occuper au moins dix minutes du quart d'heure imparti à cette étape.

Il est déconseillé de présenter l'exercice le plus élémentaire surtout lorsque l'on a proposé des exercices un peu difficiles. Le développement ne doit pas non plus comporter trop de calculs dans lesquels on peut facilement se noyer. Si c'est le cas et si l'on tient à développer ce type d'exercice à tout prix, je conseille de ne détailler qu'une partie des calculs au tableau et de donner les résultats des autres, le jury pouvant très bien demander les détails des autres calculs s'il le souhaite, et de plutôt insister sur les articulations de la démonstration et les théorèmes utilisés.

Je pense qu'un développement parfaitement exposé et clairement écrit au tableau est un gros atout pour le candidat.

N'oublions pas que le jury recrute des enseignants en exercice. C'est pour cela que dans le cadre de la préparation, je conseille de préparer une liste de développements intéressants réutilisables dans diverses leçons d'exercices ou d'exposé. Puis, lors du choix du sujet, de le choisir en fonction des développements que l'on a préparé, afin de gagner du temps. En effet, si le développement est bien préparé à l'avance, quinze minutes suffisent pour se le remettre en tête : cela fait déjà un exercice bien maîtrisé et le développement est prêt. De cette façon, on peut vraiment se consacrer au choix des exercices, à leur articulation, à la problématique, à leur résolution et à la préparation d'une activité avec les logiciels.

B. Mon choix de développement

Pour cette séquence d'exercice, le choix de développer la démonstration du Théorème de Stone-Weierstrass me semble judicieux : cette démonstration est consistante, et comme elle fait appel à plusieurs domaines des mathématiques, elle est réutilisable dans plusieurs leçons d'exercices ou d'exposé.
La voici :

Solution de l'Exercice 1.2 :

1. S_n suit une loi binomiale de paramètres n et x.

2. La variable S_n/n a pour univers image $\{0, 1/n, 2/n, ..., 1\}$. Donc :

$$\begin{aligned} P\left(\left|\frac{S_n}{n} - x\right| \geq \alpha\right) &= \sum_{k \notin I} P\left(\frac{S_n}{n} = \frac{k}{n}\right) \\ &= \sum_{k \notin I} P\left(S_n = k\right) \\ &= \sum_{k \notin I} \binom{n}{k} x^k (1-x)^{n-k} \\ &= \sum_{k \notin I} A_k, \end{aligned}$$

en posant $A_k = \binom{n}{k} x^k (1-x)^{n-k}$. En remarquant que :

$$f(x) = \sum_{k=0}^{n} f(x) \binom{n}{k} x^k (1-x)^{n-k} = \sum_{k=0}^{n} f(x) A_k,$$

car $\sum_{k=0}^{n} \binom{n}{k} x^k (1-x)^{n-k} = 1$, on obtient :

$$|P_n(x) - f(x)| = \left|\sum_{k=0}^{n} (f\left(\frac{k}{n}\right) - f(x)) A_k\right|.$$

Ainsi :

$$\begin{aligned} |P_n(x) - f(x)| &\leq \sum_{k \in I} \left|f\left(\frac{k}{n}\right) - f(x)\right| A_k + \sum_{k \notin I} \left|f\left(\frac{k}{n}\right) - f(x)\right| A_k \\ &\leq \sum_{k \in I} \varepsilon A_k + 2M \sum_{k \notin I} A_k \\ &\leq \varepsilon + 2M\, P\left(\left|\frac{S_n}{n} - x\right| \geq \alpha\right). \end{aligned}$$

3. Comme

$$E\left(\frac{S_n}{n}\right) = \frac{1}{n} E(S_n) = \frac{1}{n} \times nx = x$$

et

$$V\left(\frac{S_n}{n}\right) = \frac{1}{n^2} V(S_n) = \frac{1}{n^2} \times nx(1-x) = \frac{x(1-x)}{n},$$

on a, par l'inégalité de Bienaymé-Tchebychev :

$$P\left(\left|\frac{S_n}{n} - x\right| \geq \alpha\right) \leq \frac{x(1-x)}{n\alpha^2} \leq \frac{1}{n\alpha^2}.$$

En conclusion :

$$|P_n(x) - f(x)| \leq \varepsilon + \frac{2M}{n\alpha^2}.$$

Si n est suffisamment grand, $|P_n(x) - f(x)| \leq 2\varepsilon$, et comme cette majoration ne dépend pas de x, on obtient la convergence uniforme souhaitée.

1.1.4 Questions du jury

Comme je l'ai dit précédemment, les questions du jury (et surtout les réponses que le candidat va y apporter) vont avoir une place de plus en plus prépondérante dans la note finale. C'est donc un exercice auquel il faut s'entraîner avant d'arriver à l'oral. La préparation de cette partie de l'oral (ainsi que les développements) peut être menée en même temps que la préparation aux épreuves écrites car les exercices proposés représentent de bons exercices de révision.

Voici, dans l'ordre, les questions qui m'ont été posées par le jury à la suite de ma présentation :

Question 1.1 ***(Question sur le développement)***
"Pouvez-vous interpréter la somme :

$$P_n(x) = \sum_{k=0}^{n} \binom{n}{k} x^k (1-x)^{n-k} f\left(\frac{k}{n}\right)$$

comme une espérance ?"

Réponse : Par définition de l'espérance de S_n :

$$E\left(S_n\right) = \sum_{k=0}^{n} k \binom{n}{k} x^k (1-x)^{n-k}.$$

En appliquant le théorème de transfert, on obtient :

$$E\left(f\left(\frac{S_n}{n}\right)\right) = \sum_{k=0}^{n} f\left(\frac{k}{n}\right) \binom{n}{k} x^k (1-x)^{n-k} = P_n(x).$$

Rappelons le Théorème de transfert : On considère une variable aléatoire réelle discrète X, d'univers image $X(\Omega) = \{x_i \ ; \ i \in I\}$ où I est une partie non vide de $\mathbb{N}$, et g une fonction continue par morceaux définie sur un intervalle J

contenant $X(\Omega)$. Alors $(g \circ X)(\Omega) = \{g(x_i) \ ; \ i \in I\}$ est fini ou dénombrable, donc $g \circ X$ est une variable aléatoire réelle discrète aussi, et l'on a :

$$E(g(X)) = \sum_{i \in I} g(x_i) P(X = x_i)$$

sous réserve de la convergence absolue de cette série.

Question 1.2 ***(Question sur le développement)***
"Vous avez dit :" $\sum\limits_{k=0}^{n} \binom{n}{k} x^k (1-x)^{n-k} = 1$: c'est la formule du binôme de Newton", pouvez vous en donner une interprétation en termes de probabilités ?"

Réponse : $\sum_{k=0}^{n} \binom{n}{k} x^k (1-x)^{n-k} = \sum_{k=0}^{n} P(S_n = k) = 1$, c'est la propriété de totalité des probabilités.

Question 1.3 ***(Question de culture générale)***
"Donnez une condition nécessaire d'existence de l'espérance, c'est-à-dire, une condition nécessaire d'existence de la série $\sum_{i=1}^{+\infty} x_i P(X = x_i)$, notamment si on souhaite permuter les indices i"

Réponse : Lorsque $X(\Omega) = \{x_i \ ; \ i \geq 1\}$, on ne peut pas exiger seulement la convergence de la série : on veut définir l'espérance de X indépendamment de la façon dont on a numéroté $X(\Omega)$. On exige donc la convergence commutative de la série, ce qui équivaut à son absolue convergence ([9], §. 1.5.2 Th. II).

Question 1.4 ***(Question sur la présentation des exercices)***
"Vous dites que l'un des outils utilisé pour l'exercice 1 est :

A et B indépendants $\Leftrightarrow$ $\overline{A}$ et $\overline{B}$ indépendants.

Est-ce équivalent à A et $\overline{B}$ indépendants ? Sauriez-vous le démontrer ?"

Réponse : On a la propriété suivante :

$$\begin{aligned} A \text{ et } B \text{ indépendants} &\Leftrightarrow \overline{A} \text{ et } \overline{B} \text{ indépendants} \\ &\Leftrightarrow A \text{ et } \overline{B} \text{ indépendants} \\ &\Leftrightarrow \overline{A} \text{ et } B \text{ indépendants.} \end{aligned}$$

En effet, si A et B sont indépendants alors d'après la formule des probabilités totales on a $P(A) = P(A \cap B) + P(A \cap \overline{B})$, donc :

$$\begin{aligned} P(A \cap \overline{B}) &= P(A) - P(A \cap B) \\ &= P(A) - P(A)P(B) \\ &= P(A)(1 - P(B)) \\ &= P(A)P(\overline{B}) \end{aligned}$$

d'où l'indépendance de A et $\overline{B}$. Les autres équivalences se montrent en remplaçant A par $\overline{A}$ ou B par $\overline{B}$.

Question 1.5 *"Pouvez-vous résoudre l'exercice 1.1 ?"*

Réponse : 1. On prend comme univers $\Omega = \{1, ..., n\}$ et comme tribu l'ensemble des parties de Ω. P représente la probabilité uniforme.

2. Comme P est uniforme,

$$P(A) = \frac{\operatorname{Card} A}{\operatorname{Card} \Omega} = \frac{\Phi(n)}{n}.$$

3. On a

$$P(A_i) = \frac{\operatorname{Card} A}{\operatorname{Card} \Omega}.$$

Or

$$A_i = \left\{ \lambda p_i \ / \ 1 \leq \lambda \leq \frac{n}{p_i} \right\},$$

donc $\operatorname{Card} A_i = n/p_i$, par conséquent $P(A_i) = 1/p_i$.

4. L'événement $A_1 \cap ... \cap A_k$ est réalisé si et seulement si le nombre obtenu est divisible par chacun des p_i. Comme les p_i sont premiers entre eux, ceci équivaut à dire que le nombre obtenu est divisible par le produit des p_i (Théorème de Gauss). D'où :

$$A_1 \cap ... \cap A_k = \left\{ \lambda p_1 ... p_k \ / \ 1 \leq \lambda \leq \frac{n}{p_1 ... p_k} \right\}$$

donc :

$$Card(A_1 \cap ... \cap A_k) = \frac{n}{p_1 ... p_k}$$

et donc :

$$P(A_1 \cap ... \cap A_k) = \frac{1}{p_1 ... p_k} = P(A_1) ... P(A_k).$$

En fait on peut démontrer de la même façon que :

$$P(A_{i_1} \cap ... \cap A_{i_m}) = P(A_{i_1}) ... P(A_{i_m})$$

quel que soit la famille $\{i_1, ..., i_m\}$ incluse dans $\{1, ..., k\}$. Cela montre que les événements A_1, ..., A_k sont mutuellement indépendants.

5. Le nombre obtenu est premier avec n si, et seulement si, il n'est divisible par aucun des p_i, donc $A = \bigcap_{i=1}^{k} \overline{A}_i$. Or l'indépendance des A_i entraîne l'indépendance de leurs complémentaires, donc :

$$P(A) = \prod_{i=1}^{k} P(\overline{A}_i) = \prod_{i=1}^{k} \left(1 - \frac{1}{p_i} \right).$$

Comme $P(A) = \Phi(n)/n$, on obtient l'égalité souhaitée.

1.1.5 Autres questions possibles

Voici maintenant des questions auxquelles j'ai pensé et qu'un jury pourrait éventuellement poser :

Question 1.6 *"Pouvez-vous résoudre l'exercice 1.3 ?"*

Réponse : 1. On applique **la loi faible des grands nombres** :

"Soit $(X_i)_{i\in\mathbb{N}}$ une suite de variables aléatoires réelles indépendantes définies sur un même espace probabilisé, et admettant la même espérance m et la même variance σ^2. On définit leur moyenne Z_n :

$$\forall n \in \mathbb{N}^* \quad Z_n = \frac{1}{n}\sum_{i=1}^{n} X_i$$

Alors Z_n tend vers m en probabilités lorsque n tend vers $+\infty$."

Dans l'exercice, les X_i suivent toutes une loi de Bernoulli donc leur espérance est égale à la probabilité de l'événement "le point M est dans le quart de cercle unité", donc :

$$m = \frac{\text{surface du quart de cercle}}{\text{surface du carré}} = \frac{\pi}{4}.$$

En appliquant la loi faible des grands nombres, on obtient le résultat demandé.

2. La programmation de la simulation sur Géoplan a été présentée dans la Section 1.1.2 intitulée "Présentation des exercices".

Question 1.7 *"Pouvez-vous résoudre l'exercice 1.4 ?"*

Réponse : On pose, pour $i \in \{1; ....n\}$:

$$X_i = \begin{cases} 1 \text{ si on obtient 6 au } i\text{-ème lancer,} \\ 0 \text{ sinon.} \end{cases}$$

L'univers est : $\Omega = \{1, ..., 6\}^n$, on prend comme tribu $A = \mathcal{P}(\Omega)$, et on choisit pour P la probabilité produit, qui permet d'avoir l'indépendance des X_i. La variable aléatoire réelle $\sum_{i=1}^{n} X_i$ compte le nombre de succès, donc elle suit une loi binomiale de paramètres n et p.
La fréquence d'apparition du 6 est donnée par la variable aléatoire :

$$F_n = \frac{1}{n}\sum_{i=1}^{n} X_i$$

dont on calcule l'espérance et la variance :

$$E(F_n) = \frac{1}{n}E(\sum_{i=1}^{n} X_i) = \frac{1}{n}\sum_{i=1}^{n} E(X_i) = \frac{1}{n}np = p$$

$$V(F_n) = \frac{1}{n^2}V(\sum_{i=1}^{n} X_i) = \frac{1}{n^2}np(1-p) = \frac{p(1-p)}{n}.$$

• **1re méthode** : On suppose le dé non pipé et on applique l'inégalité de Bienaymé-Tchebychev :

$$P\left(\left|F_n - \frac{1}{6}\right| \geq 0,01\right) \leq \frac{5}{36n \times 0,01^2}.$$

Il suffit donc que $\frac{5}{36n \times 0,01^2} \leq 0,05$, c'est-à-dire $n \geq 27778$.

• **2e méthode :** On utilise le *Théorème Central Limite* (TCL). La variable nF_n suit une loi binomiale de paramètres n et p, donc, d'après le TCL,

$$\frac{nF_n - np}{\sqrt{np(1-p)}} \text{ converge en loi vers } Y \text{ lorsque } n \text{ tend vers } +\infty,$$

où Y suit une loi normale centrée réduite. D'où :

$$\begin{aligned} P\left(\left|F_n - \frac{1}{6}\right| \geq 0,01\right) &= P\left(\frac{|nF_n - \frac{n}{6}|}{\sqrt{n\frac{5}{36}}} \geq \frac{0,01\sqrt{n}}{\sqrt{\frac{5}{36}}}\right) \\ &\underset{n\to+\infty}{\longrightarrow} P\left(|Y| \geq \frac{0,01\sqrt{36n}}{\sqrt{5}}\right). \end{aligned}$$

Si l'on approxime $P\left(\left|F_n - \frac{1}{6}\right| \geq 0,01\right)$ par $P\left(|Y| \geq \frac{0,01\sqrt{36n}}{\sqrt{5}}\right)$, on constate que n doit être tel que :

$$P\left(|Y| \geq \frac{0,01\sqrt{36n}}{\sqrt{5}}\right) \leq 0,05.$$

Il suffit maintenant de consulter une table de la loi normale pour obtenir

$$\frac{0,01\sqrt{36n}}{\sqrt{5}} \geq 1,96$$

soit $n \geq 5336$.

Remarque : Dans la pratique, on considère qu'il est permis d'approximer une loi binomiale centrée réduite par une loi normale centrée réduite lorsque $n \geq 30$ et $np(1-p) \geq 9$.

Question 1.8 ***(Question de culture générale)***
"Pouvez-vous donner les définitions de convergence en loi et convergence en probabilité. Quel est lien entre ces deux modes de convergence ? En connaissez vous d'autres ?"

Réponse : On dit que la suite (X_n) de variables aléatoires réelles converge en probabilité vers la variable aléatoire réelle X si :

$$\forall \alpha > 0 \quad P(|X_n - X| > \alpha) \text{ tend vers } 0 \text{ lorsque } n \text{ tend vers } +\infty.$$

Pour tout $n \in \mathbb{N}$, notons F_n la fonction de répartition des X_n, et F la fonction de répartition de X. On dit que (X_n) converge en loi vers X si $F_n(x)$ tend vers $F(x)$ lorsque n tend vers $+\infty$ en tout point de continuité de F.

La convergence en probabilité implique la convergence en loi, mais la réciproque est fausse (résultat admis dans [3], §. VIII.3).

D'autres modes de convergences peuvent être définis, comme la convergence en moyenne ou la convergence presque sûre.

Question 1.9 ***(Question de culture générale)***
"Quelle est la différence entre des événements indépendants dans leur ensemble et des événements mutuellement indépendants ?"

Réponse : On dit que n événements A_1, ..., A_n sont mutuellement indépendants si :

$$\forall I \subset \{1, ..., n\}, \quad I \neq \varnothing, \quad P\left(\bigcap_{i \in I} A_i\right) = \prod_{i \in I} P(A_i).$$

Ils sont dits indépendants dans leur ensemble si :

$$P\left(\bigcap_{i=1}^{n} A_i\right) = \prod_{i=1}^{n} P(A_i).$$

Notons au passage que l'on dit aussi que les événements A_1, A_2, ..., A_k sont indépendants deux à deux si $\mathrm{p}(A_{i_1} \cap A_{i_2}) = \mathrm{p}(A_{i_1}) \times \mathrm{p}(A_{i_2})$ quelle que soit la paire $\{i_1, i_2\}$ incluse dans $\{1, ..., k\}$.

Question 1.10 *"Toujours au sujet de l'Exercice 1.1, pouvez-vous expliquer pourquoi l'on ne peut pas se contenter de supposer que les événements A_1, A_2, ..., A_k sont indépendants dans leur ensemble, et qu'il faille avoir recours à la notion de "mutuelle indépendance" ? Où est-ce que cela intervient ?*

Réponse : A la fin de la preuve de l'Exercice 1.1, on a besoin de dire que l'indépendance des A_i entraîne celle des complémentaires $\overline{A_i}$, et l'on peut démontrer cela si l'on suppose cette "mutuelle indépendance".

En d'autres termes, la réponse à la Question 1.4 du jury ne suffit pas pour conclure, car met en jeux deux événements alors que nous devons appliquer ce résultat à k événements, et qu'il y a bien des récurrences à faire !

Comment se persuader que la "mutuelle indépendance" est la bonne notion à utiliser ici ? Le plus simple est de donner la preuve rigoureuse du résultat que l'on veut utiliser de façon à bien voir comment s'articule les raisonnements par récurrence. Voici ce que l'on peut trouver dans cet extrait des "Cahiers de Mathématiques du Supérieur" :

Théorème 1.1 *{[7], Th. 3.13} Si les événements A_1, A_2, ..., A_k sont mutuellement indépendants, alors :*
1) $\overline{A_1}$, A_2, ..., A_k sont mutuellement indépendants,
2) $\overline{A_1}$, $\overline{A_2}$, ..., $\overline{A_k}$ sont mutuellement indépendants.

Preuve : 1) On montre la propriété :

$$\mathcal{P}(i) : \quad \overline{A_1}, A_2, ..., A_i \text{ sont mutuellement indépendants}$$

par récurrence finie sur i, pour i variant de 2 à k. La propriété $\mathcal{P}(2)$ est facile à démontrer[3]. Si $\mathcal{P}(i-1)$ est vraie, la formule des probabilités totales donne :

$$\mathrm{p}(A_2 \cap ... \cap A_i) = \mathrm{p}\left(\overline{A_1} \cap A_2 \cap ... \cap A_i\right) + \mathrm{p}(A_1 \cap A_2 \cap ... \cap A_i).$$

En appliquant l'hypothèse récurrente et en rappelant que A_1, A_2, ..., A_k sont indépendants, on obtient :

$$\mathrm{p}(A_2) \times ... \times \mathrm{p}(A_i) = \mathrm{p}\left(\overline{A_1} \cap A_2 \cap ... \cap A_i\right) + \mathrm{p}(A_1) \times ... \times \mathrm{p}(A_i)$$

$$\text{d'où} \quad \mathrm{p}\left(\overline{A_1} \cap A_2 \cap ... \cap A_i\right) = (1 - \mathrm{p}(A_1)) \times \mathrm{p}(A_2) \times ... \times \mathrm{p}(A_i) = \mathrm{p}\left(\overline{A_1}\right) \times \mathrm{p}(A_2) \times ... \times \mathrm{p}(A_i).$$

Cela prouve la mutuelle indépendance des événements $\overline{A_1}$, A_2, ..., A_i et démontre $\mathcal{P}(i)$.

2) On montre la propriété :

$$\mathcal{H}(i) : \quad \overline{A_1}, \overline{A_2}, ..., \overline{A_i}, A_{i+1}, ..., A_k \text{ sont mutuellement indépendants}$$

par récurrence finie sur i, pour i variant de 1 à k.

La propriété $\mathcal{H}(1)$ est vraie puisque :

$$A_1, ..., A_k \text{ mut. indépendants} \Rightarrow \overline{A_1}, ..., A_k \text{ mut. indépendants}$$

d'après la première partie du Théorème. Si $\mathcal{H}(i-1)$ est vraie, les événements $\overline{A_1}$, $\overline{A_2}$, ..., $\overline{A_{i-1}}$, A_i, ..., A_k sont mutuellement indépendants et la première partie du Théorème montre encore que les événements $\overline{A_1}$, $\overline{A_2}$, ..., $\overline{A_{i-1}}$, $\overline{A_i}$, A_{i+1}, ..., A_k sont mutuellement indépendants, ce qui prouve $\mathcal{H}(i)$. ■

[3] Voir la réponse à la Question 1.4.

Question 1.11 ***(Question sur le développement)***
"Vous utilisez le théorème de Heine, sauriez-vous le démontrer ?"

Réponse : Il s'agit de montrer qu'une application continue d'un espace métrique compact (E, d) dans un espace métrique (F, δ) est uniformément continue. Selon moi, la preuve la plus rapide est celle par l'absurde à l'aide des suites. Supposons que f ne soit pas uniformément continue, autrement dit supposons qu'il existe $\varepsilon > 0$ et deux suites (x_n) et (y_n) de E telles que :

$$d(x_n, y_n) \underset{n \to +\infty}{\longrightarrow} 0 \quad \text{et} \quad (\forall n \in \mathbb{N} \quad \delta(f(x_n), f(y_n)) \geq \varepsilon).$$

Comme E est compact, nous pouvons extraire de (x_n) une sous-suite, $(x_{\Phi(n)})$, convergente et de limite α. Du fait que :

$$d(x_n, y_n) \underset{n \to +\infty}{\longrightarrow} 0,$$

la suite $(y_{\Phi(n)})$ converge aussi vers α. Comme la fonction est continue en α, les suites $(f(x_{\Phi(n)}))$ et $(f(y_{\Phi(n)}))$ convergent vers le point $f(\alpha)$, ce qui est absurde puisque par hypothèse $\delta(f(x_n), f(y_n)) \geq \varepsilon$ quel que soit n.

Question 1.12 ***(Question sur l'exercice 1.1)***
"Connaissez-vous une autre méthode pour démontrer la formule :

$$\Phi(n) = n \prod_{i=1}^{k} \left(1 - \frac{1}{p_i}\right) \quad \text{? "}$$

Commentaire : Il est bien entendu que, dans ce cadre là, si le jury pose cette question, il n'attend pas du candidat une démonstration détaillée mais plutôt qu'il dise les étapes de la démonstration et les outils utilisés.

Réponse : Voici une autre preuve possible.

1. Si n est égal à un nombre premier p, alors p est premier avec chacun des entiers 1, 2, ..., $p-1$, par conséquent $\Phi(p) = p - 1$.

2. Si $n = p^\alpha$ avec $\alpha \in \mathbb{N}^*$ et p un nombre premier, comme p est un nombre premier, les entiers appartenant à l'intervalle $[1,\ p^\alpha\ ]$ qui ne sont pas premiers avec p s'écrivent kp, et la condition $1 \leq kp \leq p^\alpha$ devient $1 \leq k \leq p^{\alpha-1}$. Dans $[1,\ p^{\alpha-1}]$ il existe donc $p^{\alpha-1}$ entiers non premiers avec p^α, et l'on a $\Phi(p^\alpha) = p^\alpha - p^{\alpha-1}$.

3. Soient p et q deux entiers premiers entre eux, le théorème des restes Chinois montre l'existence d'un isomorphisme entre $\mathbb{Z}/pq\mathbb{Z}$ et $\mathbb{Z}/p\mathbb{Z} \times \mathbb{Z}/q\mathbb{Z}$. Par cet isomorphisme, les éléments inversibles des deux anneaux se correspondent, et :

$$U(\mathbb{Z}/pq\mathbb{Z}) \simeq U(\mathbb{Z}/p\mathbb{Z} \times \mathbb{Z}/q\mathbb{Z}) = U(\mathbb{Z}/p\mathbb{Z}) \times U(\mathbb{Z}/q\mathbb{Z}),$$

en notant $U(A)$ le groupe des éléments inversibles d'un anneau A. En passant aux cardinaux :

$$\Phi(pq) = \text{Card}(U(\mathbb{Z}/pq\mathbb{Z})) = \text{Card}\,(U(\mathbb{Z}/p\mathbb{Z}) \times U(\mathbb{Z}/q\mathbb{Z})) = \Phi(p)\Phi(q).$$

4. Soit n un entier quelconque. D'après le théorème fondamental de l'arithmétique, on a la décomposition $n = \prod_{i=1}^{k} p_i^{\alpha_i}$, donc avec les points 2 et 3, on obtient :

$$\Phi(n) = \Phi\left(\prod_{i=1}^{k} p_i^{\alpha_i}\right) = \prod_{i=1}^{k} \Phi(p_i^{\alpha_i}) = \prod_{i=1}^{k}(p_i^{\alpha_i} - p_i^{\alpha_i - 1}) = n\prod_{i=1}^{k}\left(1 - \frac{1}{p_i}\right).$$

Question 1.13 ***(Question sur l'exercice 1.2)***
"Connaissez-vous une autre démonstration du théorème de Stone-Weierstrass qui n'utilise pas la théorie des probabilités ?"

Réponse : En voici une...

- **1re partie** : On commence par démontrer l'égalité suivante :

$$\sum_{k=0}^{n}(k - nx)^2\binom{n}{k}x^k(1-x)^{n-k} = nx(1-x).$$

Pour cela, on introduit la fonction de deux variables :

$$g(u,v) = \sum_{k=0}^{n}\binom{n}{k}u^k v^{n-k} = (u+v)^n.$$

On a, pour tout x :

$$g(x, 1-x) = \sum_{k=0}^{n}\binom{n}{k}x^k(1-x)^{n-k} = 1.$$

En dérivant par rapport à u et en multipliant par u, on a :

$$ug'_u(u,v) = \sum_{k=0}^{n}k\binom{n}{k}u^k v^{n-k} = nu(u+v)^{n-1}.$$

Puis avec $u = x$ et $v = 1 - x$ on obtient :

$$\sum_{k=0}^{n}k\binom{n}{k}x^k(1-x)^{n-k} = nx.$$

En dérivant à nouveau $ug'_u(u,v)$ par rapport à u et en multipliant par u, on trouve :

$$n(n-1)u^2(u+v)^{n-2} + nu(u+v)^{n-1} = \sum_{k=0}^{n} k^2 \binom{n}{k} u^k v^{n-k}.$$

Puis avec $u = x$ et $v = 1-x$ on obtient :

$$\sum_{k=0}^{n} k^2 \binom{n}{k} x^k (1-x)^{n-k} = nx + n(n-1)x^2.$$

Comme $(k-nx)^2 = k^2 - 2knx + n^2x^2$, on a, en posant $A_k = \binom{n}{k} x^k (1-x)^{n-k}$:

$$\begin{aligned} \chi &= \sum_{k=0}^{n} (k-nx)^2 \binom{n}{k} x^k (1-x)^{n-k} \\ &= \sum_{k=0}^{n} k^2 A_k - 2nx \sum_{k=0}^{n} kA_k + n^2x^2 \sum_{k=0}^{n} A_k \\ &= nx + n(n-1)x^2 - 2nx \times nx + n^2x^2 \\ &= nx(1-x). \end{aligned}$$

• **2e partie** : Démonstration du théorème. Comme f est une fonction continue sur le compact $[0;1]$, elle est uniformément continue d'où :

$$\forall \varepsilon > 0 \quad \exists \alpha > 0 \quad |x-y| \leq \alpha \Rightarrow |f(x) - f(y)| < \varepsilon$$

On pose :

$$I = \left\{ k \in \{1, ..., n\} \,/\, \left| \frac{k}{n} - x \right| < \alpha \right\},$$

puis en remarquant que

$$f(x) = \sum_{k=0}^{n} f(x) \binom{n}{k} x^k (1-x)^{n-k}$$

on obtient :

$$\begin{aligned} |P_n(x) - f(x)| &= \left| \sum_{k=0}^{n} \left(f\left(\frac{k}{n}\right) - f(x)\right) \binom{n}{k} x^k (1-x)^{n-k} \right| \\ &\leq \sum_{k \in I} \left| f\left(\frac{k}{n}\right) - f(x) \right| A_k + \sum_{k \notin I} \left| f\left(\frac{k}{n}\right) - f(x) \right| A_k \\ &\leq \varepsilon \sum_{k \in I} A_k + 2M \sum_{k \notin I} A_k \end{aligned}$$

où $M = \sup_{x\in[0;1]} \{|f(x)|\}$. Pour $k \notin I$, on a :

$$n^2(x - \frac{k}{n})^2 = (k - nx)^2 \geq n^2\alpha^2$$

donc

$$1 \leq \frac{1}{n^2\alpha}(k - nx)^2.$$

En reprenant la majoration précédente on a alors :

$$\begin{aligned} |P_n(x) - f(x)| &\leq \varepsilon + \frac{2M}{n^2\alpha^2}\sum_{k\notin I}(k - nx)^2\binom{n}{k}x^k(1-x)^{n-k} \\ &\leq \varepsilon + \frac{2M}{n^2\alpha^2}\sum_{k=0}^{n}(k - nx)^2\binom{n}{k}x^k(1-x)^{n-k} \\ &\leq \varepsilon + \frac{2M}{n^2\alpha^2}nx(1-x) \end{aligned}$$

d'après l'égalité démontrée dans la première partie. Or $x \in [0;1]$ donc :

$$x(1-x) \leq \frac{1}{4}.$$

On obtient alors :

$$|P_n(x) - f(x)| \leq \varepsilon + \frac{M}{2n\alpha^2}.$$

Cette majoration est indépendante de n et de x, donc pour n assez grand on aura $\|P_n - f\|_\infty \leq 2\varepsilon$, ce qui prouve le théorème.

Question 1.14 : ***(Question en rapport avec l'exercice 1.3)*** :
"Connaissez-vous d'autre moyen de donner une approximation du nombre π ?"

Commentaire : Cette question fait l'objet de plusieurs titres d'exposés ou d'exercices. Le jury attend donc de la part du candidat qu'il ait quelques connaissances sur ce sujet.

Réponses possibles :

1) Méthode géométrique : méthode d'Archimède

Principe : On encadre la longueur d'un cercle de rayon 1 par le périmètre d'un polygone régulier inscrit dans ce cercle, et par le périmètre d'un polygone régulier exinscrit (FIG. 1.4). En utilisant un polygone à 96 côtés, Archimède parvient, vers 250 av. J.-C., à l'excellente approximation :

$$\frac{220}{71} \leq \pi \leq \frac{22}{7}$$

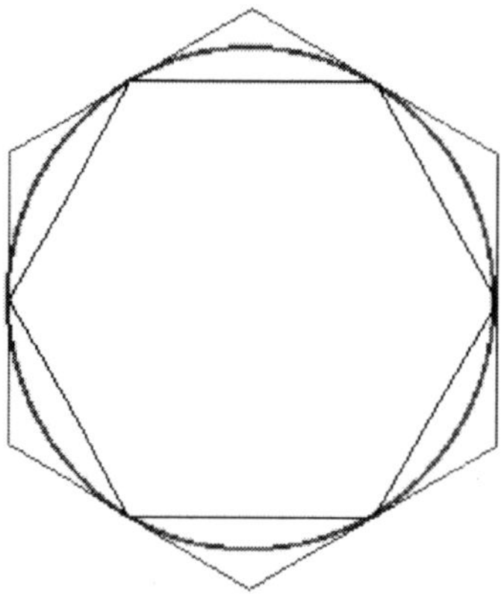

FIG. 1.4 – Méthode d'Archimède

qui fournit deux chiffres exacts après la virgule.

2) Avec les fractions continues

Théorie : Soit x un réel positif, on lui associe la suite de réels (x_n) construite en posant $x_0 = x$ et $x_{n+1} = \frac{1}{x_n - a_n}$ où a_n désigne la partie entière de x_n. Si x est rationnel, on montre que cette suite (x_n) est finie. Mais si x est irrationnel, on montre que la suite (x_n) est bien définie, possède un nombre infini de termes et :

$$x = a_0 + \cfrac{1}{a_1 + \frac{1}{a_2 + \frac{1}{a_3 + \dots}}}.$$

L'avantage de cette méthode est sa rapidité de convergence, en effet, pour $n = 3$, on obtient déjà une approximation de π égale à $355/133$ qui donne six chiffres exacts après le virgule.

3) Avec une suite

La formule de Wallis donne :

$$\lim_{p \to +\infty} \frac{2^{4p}(p!)^4}{p((2p)!)^2} = \pi.$$

Par exemple, la ClassPad300 PLUS, ne calcule plus au delà du 126e terme. L'intérêt de cette formule est davantage historique. En effet, lorsque John Wallis la démontre en 1655, c'est la première fois que π apparaît comme limite d'une suite de nombres rationnels explicites.

4) Avec la formule de Machin

En 1706, John Machin utilise la formule :

$$\frac{\pi}{4} = 4\,\mathrm{Arctan}\,\frac{1}{5} - \mathrm{Arctan}\,\frac{1}{239}$$

pour obtenir 100 décimales exactes de π et c'est cette méthode qui utilise le développement en série entière de

$$\mathrm{Arctan}\,x = \sum_{n=0}^{+\infty}(-1)^n\frac{x^{2n+1}}{2n+1}$$

qui prévaudra jusqu'en 1974 (méthode grâce à laquelle on a obtenu un million de décimales de π). La convergence est rapide : pour $n = 5$, on obtient huit chiffres exacts après la virgule.

5) Algorithme du type moyenne arithmético-géométrique

Cette méthode a supplanté celle utilisant la formule de John Machin ces dernières années en raison de sa rapidité exponentielle de convergence. On utilise cinq variables a, b, c, x et y initialisées respectivement à 1, $1/\sqrt{2}, 1/4, 1$ et 2. Puis, on itère la boucle suivante :

$x = a$
$a = (a + b)\,/2$
$b = \sqrt{xb}$
$c = c - y(a - x)^2$
$y = 2y$

Enfin, on fait afficher $(a+b)^2/4c$ qui donne une approximation de π. La rapidité de convergence est hallucinante et elle est due à la rapidité de convergence de la moyenne de Gauss : vingt itérations suffisent pour calculer un million de décimales de π.

1.2 Epreuve d'exposé : groupes de permutations

Le sujet choisi porte le titre :

" *Groupe des permutations d'un ensemble fini. Groupe Symétrique. Applications*".

Difficile d'être original sur un sujet aussi classique et déjà vu et revu, il faut donc essayer de mettre le paquet dans les applications et le développement.

La preuve que l'on ennuie un peu le jury c'est qu'il ne m'a posé aucune question sur le corps de mon exposé, seulement des questions sur mon développement et les applications proposées dans le plan. J'ai d'ailleurs été prise par le temps car il y a beaucoup de notions à introduire et je n'ai pas eu le temps de détailler mes applications.

Voici donc une version "allégée" de l'exposé (je pense qu'il faut dire le strict minimum) pour pouvoir passer au moins cinq minutes sur les applications et si le jury veut vérifier les connaissances du candidat sur le groupe symétrique, il lui suffira de poser quelques questions.

1.2.1 Exposé

Soit E un ensemble. Une bijection de E sur lui-même est appelé une permutation de E. Muni de la composition des applications, l'ensemble des permutations de E est un groupe, appelé groupe symétrique de E, et noté S_E. On note S_n le groupe symétrique de $\{1, 2, ..., n\}$, on dit que S_n est le groupe symétrique de degré n et on a $\mathrm{Card}(S_n) = n!$.

I. Orbites, transpositions et cycles

Définition 1.1 *Pour $x \in E$, $s \in S_E$, on note $O_s(x) = \left\{s^k(x) \ ; \ k \in \mathbb{Z}\right\}$. On dit que $O_s(x)$ est une s-orbite de x.*

Exemple 1.1 *Soit $\sigma \in S_7$ définie par :*

$$\begin{pmatrix} 1 & 2 & 3 & 4 & 5 & 6 & 7 \\ 2 & 3 & 1 & 4 & 6 & 7 & 5 \end{pmatrix}$$

Il y a trois σ-orbites, qui sont :

$$O_\sigma(1) = \{1, 2, 3\}, \quad O_\sigma(4) = \{4\}, \quad O_\sigma(5) = \{5, 6, 7\}.$$

Définition 1.2 *On dit que $s \in S_E$ est un cycle s'il existe une unique s-orbite O telle que $\mathrm{Card}\, O > 1$. Alors le cardinal de O est appelé longueur du cycle, et O son support. Un q-cycle est un cycle de longueur q, et un 2-cycle est une transposition.*

Théorème 1.1

(i) Tout $s \in S_E \backslash \{id_E\}$ est produit de cycles à support deux à deux disjoints, et un tel produit est unique à l'ordre près des facteurs.

(ii) Si $\mathrm{Card}\, E > 1$, toute permutation de E est produit de transpositions.

Proposition 1.1 *Si $n \geq 2$, le groupe S_n est engendré par l'un quelconque des ensembles suivants :*

(i) Les transpositions $(1, i)$ avec $1 \leq i \leq n$.

(ii) Les transpositions $(i, i+1)$ avec $1 \leq i \leq n-1$.

(iii) La transposition $(1, 2)$ et le n-cycle $s = (1, 2, ..., n)$.

II. Signature d'une permutation

Définition 1.3 *Soient $s \in S_E$ et $m(s)$ le nombre de s-orbites. La signature de s est l'élément $\varepsilon(s) \in \{-1, 1\}$ défini par :*

$$\varepsilon(s) = (-1)^{CardE - m(s)}.$$

Ainsi $\varepsilon(id_E) = 1, \varepsilon(s) = (-1)^{q-1}$ pour un q-cycle, et $\varepsilon(\tau) = -1$ pour une transposition.

Définition 1.4 *L'application $\varepsilon : S_E \to \{-1, 1\}, s \mapsto \varepsilon(s)$, est un morphisme de groupes et son noyau est appelé le groupe alterné de E, et noté A_E.*

Proposition 1.2 *Si $n \geq 3$, le groupe A_n est engendré par l'un quelconque des ensembles suivants :*

(i) Les permutations $(1, i)(1, j)$ avec $2 \leq i, j \leq n$.
(ii) Les 3-cycles $(1, 2, i)$, avec $3 \leq i \leq n$.
(iii) Les éléments s^2 tels que $s \in S_n$.

III. Applications

1. Théorème de Cayley

Théorème 1.2 *Tout groupe G est isomorphe à un sous groupe de S_G.*

2. Groupe du tétraèdre régulier

Théorème 1.3 *Le groupe des isométries du tétraèdre régulier est isomorphe à S_4.*

3. Déterminants

Théorème 1.4 *L'ensemble des formes n-linéaires alternées sur un $\mathbb{k}$-espace vectoriel E de dimension n est un $\mathbb{k}$-espace vectoriel de dimension 1. De plus, il existe une et une seule forme n-linéaire alternée prenant la valeur 1 sur une base donnée de E.*

Définition 1.5 *Soit $B = (e_1, ..., e_n)$ une base de E. On appelle déterminant dans la base B, l'unique forme n-linéaire alternée sur E prenant la valeur 1 sur la base B. Si $x_1, ..., x_n \in E$ ($x_i = \sum_{j=1}^{n} x_{i,j} e_j$), le déterminant de $(x_1, ..., x_n)$ dans la base B est :*

$$\det_B(x_1, ..., x_n) = \sum_{\sigma \in S_n} \varepsilon(\sigma) x_{1,\sigma(1)}, ..., x_{n,\sigma(n)}.$$

4. Polynômes symétriques

Définition 1.6 *Un polynôme $P \in \Bbbk[X_1, ..., X_n]$ est dit symétrique si pour tout $\sigma \in S_n$, $P(X_{\sigma(1)}, ..., X_{\sigma(n)}) = P(X_1, ..., X_n)$.*

Théorème 1.5 *Soit $P \in \Bbbk[X_1, ..., X_n]$ un polynôme symétrique, alors il existe un unique polynôme $\Phi \in \Bbbk[X_1, ..., X_n]$ tel que $P = \Phi(\Sigma_1, ..., \Sigma_n)$ où Σ_i désigne le i-ème polynôme symétrique élémentaire.*

1.2.2 Développement

Il me semble opportun dans cette leçon ultra classique de développer un point qui fait plaisir au jury comme de la géométrie par exemple. J'ai donc choisi de développer le groupe des isométries du tétraèdre régulier[4]. A savoir dans un premier temps, montrer que ce groupe est isomorphe à S_4, puis ensuite détailler les éléments de ce groupe grâce à la connaissance des éléments de S_4.

Soit E un espace affine de dimension 3. On appelle T le tétraèdre $ABCD$ et $Is(T)$ le groupe des isométries laissant T invariant. $Is(T)$ n'est pas vide car l'application identique Id appartient à $Is(T)$. On sait que $(Is(T), \circ)$ est un sous-groupe du groupe des isométries de E.

Première partie : Montrons que $Is(T)$ est isomorphe à S_4.

Soit Φ l'application de $Is(T)$ dans le groupe S_4 définie par :

$$\Phi(f) = \begin{pmatrix} A & B & C & D \\ f(A) & f(B) & f(C) & f(D) \end{pmatrix}$$

• Φ est un morphisme de groupes.

• T forme un repère affine de E, donc toute isométrie conservant T point par point laisse invariant tout barycentre des sommets de T, c'est-à-dire tout point de E. C'est donc l'application identique. On a alors $\operatorname{Ker}\Phi = \{Id\}$, donc Φ est injectif.

• S_4 est engendré par les transpositions. Or si l'on considère par exemple la transposition qui échange les points A et B (FIG. 1.5), cette permutation est l'image par Φ de la réflexion par rapport au plan médiateur de $[AB]$ (qui contient C et D car T est un tétraèdre régulier, donc cette réflexion laisse C et D invariants). On en déduit que Φ est surjectif.

[4] Il s'agit d'un mix entre les livres de Mercier [6] et de De Biasi [2].

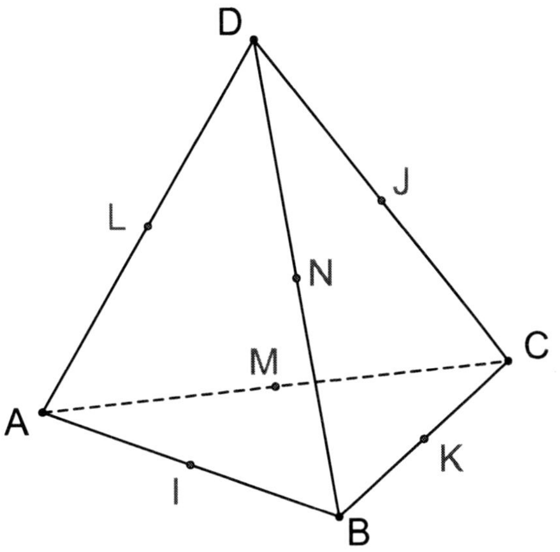

FIG. 1.5 – Isométries du tétraèdre

Seconde partie : Description de $Is(T)$.

On appelle O l'isobarycentre de T et I, J, K, L, M et N les milieux respectifs de $[AB]$, $[CD]$, $[BC]$, $[AD]$, $[AC]$ et $[BD]$. Intéressons nous d'abord au sous-groupe des isométries positives, les déplacements. Ceux-ci correspondent aux permutations de A_4.

Eléments de S_4	Eléments de $Is(T)$
Id	Id
8 3-cycles	8 rotations d'axes (OP) où $P \in \{A, B, C, D\}$ et d'angle $\pm 2\pi/3$
3 paires de transpositions à supports disjoints	3 demi-tours d'axes (IJ), (KL) et (MN)

Commentaires :

- Les 3-cycles laissent un point fixe d'où la correspondance avec une rotation d'axe passant par ce point.

- Les paires de transpositions à supports disjoints échangent deux points deux à deux.

Passons maintenant à l'ensemble des isométries négatives, i.e. les antidéplacements :

Eléments de S_4	Eléments de $Is(T)$
6 transpositions	6 réflexions par rapport aux plans médiateurs des 6 arêtes.
6 4-cycles	6 symétries-rotations.

Notons r_{AO} la rotation d'axe (OA) qui transforme B en C, et s_{AB} la réflexion par rapport au plan médiateur de $[AB]$. Les composées $s_{AB} \circ r_{AO}$, $s_{AC} \circ r_{AO}$ et $s_{AD} \circ r_{AO}$ sont des antidéplacements distincts des six réflexions déjà connues. Les trois dernières symétries-rotations sont $s_{AB} \circ r_{BO}^{-1}$, $s_{BD} \circ r_{BO}$ et $s_{CA} \circ r_{CO}$.

1.2.3 Questions du jury

Question 1.15 ***(question sur le développement)***
"Pouvez-vous interpréter l'application Φ comme f restreint à un ensemble ?"

Commentaire : La première question est toujours impressionnante car c'est le début du dialogue avec le jury après trente minutes de monologue au tableau. Pour cette première question, j'ai eu du mal à comprendre ce que l'on attendait de moi.

Réponse : f désignant une application de l'espace affine E, on peut dire que $\Phi = f|_T$, mais cette restriction dont être comprise comme étant réalisée au départ (on remplace l'ensemble de départ E par la partie $T = \{A, B, C, D\}$) et à l'arrivée (on remplace encore l'ensemble d'arrivée E par $T = f(T)$).

Question 1.16 *"Donnez-nous une condition nécessaire et suffisante pour que l'application Φ soit injective."*

Réponse : Il faut et il suffit que T engendre affinement E, c'est-à-dire qu'il existe une partie de T formant un repère affine de E.
La condition est suffisante car si T ou une partie de T forme un repère affine de E, toute isométrie conservant T point par point laisse invariant tout barycentre des points de T, c'est-à-dire tout point de E, et f est l'application identique.
Et si T n'engendre pas affinement E alors $\operatorname{Ker} \Phi \neq \{Id\}$ car T est contenu dans un hyperplan H, et la réflexion s_H par rapport à H appartient à $Is(T)$, est distinct de Id et conserve T point par point. Donc la condition est nécessaire.

Question 1.17 *"Donnez nous une condition nécessaire et suffisante pour que l'application Φ soit surjective."*

Réponse : Il faut et il suffit qu'il existe une isométrie de E qui échange deux points de T et laisse fixe les autres afin qu'elle corresponde par Φ à une transposition.

Question 1.18 *"En dimension 3, y-a-t-il une autre figure pour laquelle Φ est surjective ?"*

Réponse : Non. Par exemple, si on prend le cube, parmi toutes les isométries le laissant invariant, il n'y en a aucune qui échange deux points et laisse fixe les autres.

Question 1.19 *"Vous dites "une isométrie qui laisse invariante le tétraèdre", qu'entendez-vous par "laisser invariant ?" "*

Commentaire : Cette question m'a été posée par un des membres du jury, auquel j'ai répondu : "J'entends par isométrie laissant invariant T, les isométries qui envoie un point de T sur un point de T, à ne pas confondre avec une isométrie qui conserverait T point par point c'est-à-dire qui enverrait A sur A, B sur B, C sur C et D sur D".
Cette réponse a satisfait deux des membres du jury mais a priori n'a pas satisfait celui qui l'avait posée car il m'a redemandé :

> *"Ce n'est pas ce que j'attends, comment l'expliqueriez vous à des élèves ?"*

J'ai donc reformulé ma réponse précédente avec un dessin à l'appui et des termes plus simples... Cela n'a pas eu l'air de lui convenir mais les autres membres du jury ont montré de l'impatience vis à vis de leur collègue, et nous sommes passés à la question suivante.

Question 1.20 *"Vous avez dit : "le groupe des déplacements correspond aux permutations paires". Précisez. Pouvez-vous donner une relation entre la signature de la permutation et votre application Φ ?".*

Réponse : Un déplacement est une isométrie positive, c'est-à-dire dont le déterminant est égal à 1. Par Φ, un déplacement correspond à une permutation de signature positive, donc à une permutation paire. On a donc la relation suivante : $\varepsilon(\sigma) = \det \Phi^{-1}(\sigma)$.

Question 1.21 *"Connaissez vous des propriétés du sous-groupe A_n ?"*

Commentaire : Question assez vague, pour laquelle les réponses peuvent être variées. Le souci est de savoir quel est le "niveau de réponse" attendu par le jury.

J'ai commencé par évoquer la simplicité du sous-groupe et le jury m'a tout de suite arrêtée en me demandant de penser à des choses plus élémentaires. J'ai donc évoqué le fait que A_n est un sous groupe distingué de S_n puis parlé de son cardinal et de son indice. C'était exactement ce qu'attendait le jury.
Je pense donc que, face à ce genre de questions, il faut d'abord donner les premières propriétés même si elles paraissent très élémentaires, puis, si le jury en réclame d'autres, aller en graduant les difficultés. Cet échange me pousse à croire qu'il est inutile de vouloir impressionner le jury par des connaissances dépassant le programme du concours (et qu'on ne maîtrise pas toujours !). Et qu'il vaut mieux se cantonner aux propriétés élémentaires qui restent dans le cadre du programme, et montrer de cette façon que l'on en a des connaissances solides.

Question 1.22 *"Savez-vous démontrer votre dernier résultat concernant les déterminants ?"*

Commentaire : Il est bien entendu que lorsque le jury pose ce genre de question pour ce type de résultat "un peu costaud", il n'attend pas une démonstration complète de la part du candidat mais une idée des étapes de la démonstration, il faut donc l'avoir un peu regardée pendant la préparation[5].

Démonstration : A toute forme n-linéaire f définie sur E (espace vectoriel de dimension finie n sur un corps commutatif $\mathbb{k}$) on note $f^\natural$ la forme n-linéaire telle que :

$$f^\natural(x_1, ..., x_n) = \sum_{\sigma \in S_n} \varepsilon(\sigma) f(x_{\sigma(1)}, ..., x_{\sigma(n)}).$$

Ainsi construite, $f^\natural$ est une forme n-linéaire alternée. Soit $B = (e_1, ..., e_n)$ une base de E. On désigne par $(e_1^*, ..., e_n^*)$ la base duale associée. On définit une forme n-linéaire d de E dans $\mathbb{k}$ par :

$$d(x_1, ..., x_n) = e_1^*(x_1) ... e_n^*(x_n),$$

de sorte que, si $x_j = \sum_{i=1}^n x_{i,j} e_i$ (pour $1 \leq j \leq n$), on ait :

$$d(x_1, ..., x_n) = x_{1,1} ... x_{n,n}$$

et

$$\begin{aligned} d^\natural(x_1, ..., x_n) &= \sum_{\sigma \in S_n} \varepsilon(\sigma) d(x_{\sigma(1)}, ..., x_{\sigma(n)}) \\ &= \sum_{\sigma \in S_n} \varepsilon(\sigma) x_{1,\sigma(1)} ... x_{n,\sigma(n)}. \end{aligned}$$

[5] Pour ma part, j'ai utilisé le Gourdon [4].

Et on a en particulier, $d^\natural(e_1, ..., e_n) = 1$, donc $d^\natural \neq 0$. Soit f une forme n-linéaire alternée. La n-linéarité de f donne :

$$\begin{aligned} f(x_1, ..., x_n) &= f\left(\sum_{i_1=1}^{n} x_{i_1,j} e_{i_1}, ..., \sum_{i_n=1}^{n} x_{i_n,j} e_{i_n}\right) \\ &= \sum_{i_1,...,i_n} x_{i_1,1} ... x_{i_n,n} f(e_{i_1}, ..., e_{i_n}). \end{aligned}$$

Si $i_k = i_l$ pour $k \neq l$, on a $f(e_{i_1}, ..., e_{i_n}) = 0$, donc :

$$\begin{aligned} f(x_1, ..., x_n) &= \sum_{\sigma \in S_n} x_{\sigma(1),1} ... x_{\sigma(n),n} f(e_{\sigma(1)}, ..., e_{\sigma(n)}) \\ &= f(e_1, ..., e_n) \sum_{\sigma \in S_n} \varepsilon(\sigma) x_{\sigma(1),1} ... x_{\sigma(n),n} \\ &= f(e_1, ..., e_n) \sum_{\sigma \in S_n} \varepsilon(\sigma) x_{1,\sigma(1)} ... x_{n,\sigma(n)} \quad (\text{car } \varepsilon((\sigma^{-1}) = \varepsilon(\sigma)) \\ &= f(e_1, ..., e_n) d^\natural(x_1, ..., x_n). \quad (*) \end{aligned}$$

Donc $f \in \mathrm{Vect}(d^\natural)$. Comme $d^\natural \neq 0$, ceci prouve que l'ensemble des formes n-linéaires alternées sur E est un espace vectoriel de dimension 1.
L'égalité $(*)$ montre que la condition $f(e_1, ..., e_n) = 1$ équivaut à $f = d^\natural$, d'où l'existence et l'unicité de la forme n-linéaire alternée valant 1 sur la base B.
L'existence et l'unicité du déterminant dans la base B est prouvée.

Question 1.23 *"Ecrivez les polynômes symétriques élémentaires".*

Réponse :

$$\begin{cases} \Sigma_1 = \sum_{i=1}^{n} X_i = X_1 + ... + X_n \\ \Sigma_2 = \sum_{i<j} X_i X_j \\ ... \\ \Sigma_p = \sum_{i_1<...<i_p} X_{i_1} ... X_{i_p} \\ ... \\ \Sigma_n = \prod_{i=1}^{n} X_i = X_1 ... X_n. \end{cases}$$

Question 1.24 *"Savez-vous démontrer le théorème de votre exposé concernant les polynômes symétriques ?".*

Commentaire : Là, je me suis faite coincée. Je n'avais aucune idée de la démonstration car ma source (le livre sur lequel j'avais préparé cet oral juste avant ma prestation) ne donnait pas cette démonstration, et admettait ce résultat. J'ai donc avoué ma méconnaissance.

Encore une fois, le jury fut divisé face à ma franchise : deux membres du jury m'ont rassuré en me disant qu'il s'agissait d'une démonstration longue et compliquée tandis que le dernier membre du jury avait l'air mécontent.

Pour être complète, je propose deux démonstrations de ce résultat dans la Section suivante.

Question 1.25 *"Connaissez-vous d'autres applications des polynômes symétriques ?"*

Réponse : On peut citer les relations entre les coefficients et les racines d'un polynôme. Si $P(X) = a_n X^n + ... + a_1 X + a_0 \in \mathbb{k}[X]$ désigne un polynôme de degré n scindé sur $\mathbb{k}$, en notant $\alpha_1, ..., \alpha_n \in \mathbb{k}$ ses racines distinctes ou confondues, et σ_k le k-ième polynôme symétrique élémentaire en ces racines α_1, ..., α_n $(1 \leq k \leq n)$, on a :

$$\sigma_1 = -\frac{a_{n-1}}{a_n},\ ...,\ \sigma_k = (-1)^k \frac{a_{n-k}}{a_n},\ ...,\ \sigma_n = (-1)^n \frac{a_0}{a_n}.$$

On peut aussi parler d'élimination. Eliminer x entre les équations

$$(1)\quad f(x) = \sum_{k=0}^{n} a_k x^{n-k} = 0 \quad \text{et} \quad (2)\quad g(x) = \sum_{k=0}^{p} b_k x^{p-k} = 0$$

(où $a_0 \neq 0$ et $b_0 \neq 0$), c'est trouver une condition nécessaire et suffisante pour que ces deux équations possèdent au moins une solution commune.
Notons α_i $(1 \leq i \leq n)$ et β_j $(1 \leq j \leq p)$ les racines respectives de f et g. Les équations (1) et (2) ont une solution en commun si et seulement si l'une ou l'autre des conditions équivalentes suivantes est réalisée :

$$R_1 = \prod_{j=1}^{p} f(\beta_j) = 0 \quad \text{ou} \quad R_2 = \prod_{i=1}^{n} g(\alpha_i) = 0.$$

Des égalités $f(x) = a_0 \prod_{i=1}^{n}(x - \alpha_i)$ et $g(x) = b_0 \prod_{j=1}^{p}(x - \beta_j)$ résultent :

$$R_1 = a_0^p \prod_{\substack{1 \leq i \leq n \\ 1 \leq j \leq p}} (\beta_j - \alpha_i) \quad \text{et} \quad R_2 = b_0^n \prod_{\substack{1 \leq i \leq n \\ 1 \leq j \leq p}} (\alpha_i - \beta_j).$$

Par définition, le polynôme $R = b_0^n R_1 = (-1)^{n+p} a_0^p R_2$ est appelé le résultant des polynômes f et g. L'ambiguïté de signe pour n et p impairs n'a en fait aucune importance car le résultant intervient toujours par la condition $R = 0$ qui exprime que deux équations ont une racine en commun.

Le résultant de deux polynômes est un polynôme symétrique par rapport aux racines de chacun des polynômes : il s'exprime donc en fonction des coefficients des équations $f = 0$ et $g = 0$.

Exemple : Cherchons une condition pour que $f(x) = ax^2 + bx + c$ et $g(x) = a'x^2 + b'x + c'$ (a et a' non nuls) aient une racine commune. On a :

$$\prod_{i=1}^{2} g(\alpha_i) = (a'\alpha_1^2 + b'\alpha_1 + c')(a'\alpha_2^2 + b'\alpha_2 + c').$$

En tenant compte de $\alpha_i^2 = -\frac{b\alpha_i + c}{a}$ puis des valeurs de la somme et du produit des racines, on obtient :

$$R = a^2 \prod_{i=1}^{2} g(\alpha_i) = (ac' - ca')^2 - (ab' - ba')(bc' - cb').$$

La nullité de cette expression est la condition recherchée.

1.3 Théorème des polynômes symétriques

Cette Section propose deux démonstrations du théorème 1.5. La première est celle que l'on rencontre le plus souvent dans la littérature (par exemple dans [1]), et utilise une double récurrence, tandis que la seconde utilise des groupes opérant sur des ensembles.

1.3.1 Preuve utilisant une double récurrence

Notons $\Bbbk[X_1, ..., X_n]^S$ la sous-algèbre des polynômes symétriques à coefficients dans $\Bbbk$. On aura besoin du lemme suivant :

Lemme 1.1 *Soit $P \in \Bbbk[X_1, ..., X_n]^S$. Si $P(X_1, ..., X_{n-1}, 0)$ est nul, alors P est divisible par Σ_n.*

Démonstration du lemme : Raisonnons par récurrence sur n. Le cas $n = 1$ est clair. Supposons $n \geq 2$ et désignons par τ la transposition $(n, n-1)$. Ecrivons $P = P_0 + P_1 X_n + ... + P_k X_n^k$, où $P_0, ..., P_k \in \Bbbk[X_1, ..., X_{n-1}]$. D'après l'hypothèse, $P_0 = 0$. P étant un polynôme symétrique, on peut lui appliquer τ pour obtenir :

$$P(X_1, ..., X_{n-2}, 0, X_n) = 0.$$

Il en résulte que, pour tout j, on a $P_j(X_1, ..., X_{n-2}, 0) = 0$. Or pour tout j, $P_j \in \Bbbk[X_1, ..., X_{n-1}]^S$. D'après l'hypothèse de récurrence, P_j est donc divisible par le polynôme $X_1 ... X_{n-1}$, donc Σ_n divise P puisque $P_0 = 0$. ∎

Soient $i = (i_1, ..., i_n) \in \mathbb{N}^n$ et $\lambda \in \mathbb{k}^*$. Le poids $\pi(\lambda X_1^{i_1}...X_n^{i_n})$ du monôme $\lambda X_1^{i_1}...X_n^{i_n}$ est défini par :

$$\pi(\lambda X_1^{i_1}...X_n^{i_n}) = i_1 + 2i_2 + ... + ni_n.$$

Le poids $\pi(P)$ d'un polynôme non nul est le maximum des poids des monômes non nuls le constituant. On pose $\pi(P) = +\infty$ si $P = 0$. On montre le lemme suivant :

Lemme 1.2 *Soit $P \in \mathbb{k}[X_1, ..., X_n]^S$, de degré d. Il existe $Q \in \mathbb{k}[X_1, ..., X_n]$ tel que $\pi(Q) \leq d$ et $P(X_1, ..., X_n) = Q(\Sigma_1, ..., \Sigma_n)$.*

Démonstration du lemme : On peut supposer $n \geq 2$ et $d \geq 1$. Notons σ_1, ..., σ_{n-1} les polynômes symétriques élémentaires en X_1, ..., X_{n-1}. Posons $\Sigma_j^0 = \Sigma_j(X_1, ..., X_{n-1}, 0)$ si $1 \leq j \leq n-1$, de sorte que $\sigma_j = \Sigma_j^0$.
Raisonnons par récurrence sur n et d.
Si $R(X_1, ..., X_{n-1}) = P(X_1, ..., X_{n-1}, 0)$, alors $R \in \mathbb{k}[X_1, ..., X_{n-1}]^S$. D'après l'hypothèse de récurrence, il existe $Q_1 \in \mathbb{k}[X_1, ..., X_{n-1}]$ tel que :

$$\begin{cases} \pi(Q_1) \leq d \\ R(X_1, ..., X_{n-1}) = Q_1(\sigma_1, ..., \sigma_{n-1}) = Q_1(\Sigma_1^0, ..., \Sigma_{n-1}^0). \end{cases}$$

Le polynôme $Q_1(\Sigma_1, ..., \Sigma_{n-1})$ est de degré au plus d. Posons :

$$P_1(X_1, ..., X_n) = P(X_1, ..., X_{n-1}) - Q_1(\Sigma_1, ..., \Sigma_{n-1}).$$

On a $\deg(P_1) \leq d$, et $P_1(X_1, ..., X_{n-1}, 0) = 0$. D'après le lemme 1.1, il existe $P_2 \in \mathbb{k}[X_1, ..., X_n]$ tel que $P_1 = \Sigma_n P_2$.
Le polynôme P_2 est symétrique, et vérifie $\deg(P_2) \leq d-n$. D'après l'hypothèse de récurrence sur d, il existe $Q_2 \in \mathbb{k}[X_1, ..., X_n]$ tel que :

$$\begin{cases} \pi(Q_2) \leq d - n \\ P(X_1, ..., X_n) = Q_1(\Sigma_1, ..., \Sigma_n) + Q_2(\Sigma_1, ..., \Sigma_n)\Sigma_n. \end{cases}$$

Et $Q_1(X_1, ..., X_n) + Q_2(X_1, ..., X_n)X_n$ est de poids au plus d. ∎

Démonstration du théorème 1.5 : L'existence résulte immédiatement du lemme 1.2. Prouvons l'unicité : il faut montrer que, si $R \in \mathbb{k}[X_1, ..., X_n]$ vérifie $R(\Sigma_1, ..., \Sigma_n) = 0$ alors $R = 0$.
Raisonnons par récurrence sur n. Le résultat est évident si $n = 1$.
Supposons $n \geq 2$. Si le résultat est inexact, fixons $R \in \mathbb{k}[X_1, ..., X_n]$ non nul tel que $R(\Sigma_1, ..., \Sigma_n) = 0$, et de degré minimal pour cette propriété. Il existe $R_0, ..., R_k \in \mathbb{k}[X_1, ..., X_n]$ tels que :

$$R = R_0 + R_1 X_n + ... + R_k X_n^k.$$

Si $R_0 = 0$, il vient que $R = X_n Q$, avec $\deg(Q) < \deg(R)$ et $Q(\Sigma_1, ..., \Sigma_n) = 0$, ce qui est absurde d'après le choix de R. Donc $R_0 \neq 0$. Alors avec les notations de la preuve du lemme 1.2 :

$$R(\Sigma_1^0, ..., \Sigma_{n-1}^0) = R_0(\sigma_1, ..., \sigma_{n-1}) = 0.$$

Comme $R_0 \neq 0$, c'est absurde d'après l'hypothèse de récurrence. ■

1.3.2 Preuve utilisant des opérations de groupes

Je reprends ici une démonstration proposée sur internet par S. Tummarello d'après des notes du cours de P. Polo[6].

Il s'agit de montrer que la sous-algèbre $\mathbb{k}[X_1, ..., X_n]^S$ des polynômes symétriques est égale à $\mathbb{k}[\Sigma_1, ..., \Sigma_n]$ ([7]). Clairement $\mathbb{k}[\Sigma_1, ..., \Sigma_n] \subset \mathbb{k}[X_1, ..., X_n]^S$. Pour montrer l'inclusion réciproque, nous allons montrer que :

(1) Tout polynôme symétrique S se décompose en une somme

$$S = \sum_{\lambda \in \Lambda} c_\lambda m_\lambda,$$

indexée sur une partie Λ de $\mathbb{N}^n$, où les polynômes m_λ désignent des polynômes symétriques.

(2) Tout polynôme m_λ est un polynôme en Σ_1, ..., Σ_n.

Si $\nu = (\nu_1, ..., \nu_n) \in \mathbb{N}^n$, notons $X^\nu = X_1^{\nu_1} ... X_n^{\nu_n}$. Le groupe symétrique S_n agit sur $\mathbb{k}[X_1, ..., X_n]$ si l'on pose :

$$\sigma(X^\nu) = \sigma(X_1^{\nu_1} ... X_n^{\nu_n}) = X_{\sigma(1)}^{\nu_1} ... X_{\sigma(n)}^{\nu_n} = X_1^{\nu_{\sigma^{-1}(1)}} ... X_n^{\nu_{\sigma^{-1}(n)}}$$

et si l'on complète par linéarité. On définit aussi une action de S_n sur $\mathbb{N}^n$, en posant

$$\sigma(\nu_1, ..., \nu_n) = (\nu_{\sigma^{-1}(1)}, ..., \nu_{\sigma^{-1}(n)})$$

de sorte que $\sigma(X^\nu) = X^{\sigma(\nu)}$ quel que soit le monôme X^ν. Nous aurons ensuite besoin de distinguer un représentant de chacune des orbites $S_n\nu$ de ν sous l'action de S_n. Choisissons de dire qu'un élément $\nu = (\nu_1, ..., \nu_n)$ de $\mathbb{N}^n$ est dominant si $\nu_1 \geq \nu_2 \geq ... \geq \nu_n$, et notons Λ l'ensemble des n-uplets dominants de $\mathbb{N}^n$. On remarque que toute orbite de $S_n\nu$ contient un et un seul élément dominant appartenant à Λ.

---

[6] Relevé sur http ://martinibird.free.fr/spip/spip.php ?article39 en octobre 2010.

[7] $\mathbb{k}[\Sigma_1, ..., \Sigma_n]$ représente la sous-algèbre engendrée par $\mathbb{k}$, Σ_1, ..., Σ_n.

Nous aurons aussi besoin de l'ordre lexicographique sur $\mathbb{N}^n$: si $\mu, \nu \in \mathbb{N}^n$ on dira que $\mu \preceq \nu$ si et seulement si :

$$\mu = \nu \quad \text{ou} \quad (\exists\, i \in I, \mu_i < \nu_i \text{ et } \forall \;\; j < i,\;\; \mu_j = \nu_j).$$

On définit ainsi un ordre total. Avec cette définition, λ est un n-uplet dominant dans son orbite $S_n\lambda$ si est seulement si c'est le plus grand élément de cette orbite, autrement dit si :

$$\forall \lambda \in \Lambda \quad \forall \mu \in S_n\lambda \quad \mu \preceq \nu.$$

Si λ est un élément de Λ, l'ensemble des $\theta \in \Lambda$ tels que $\theta \preceq \lambda$ est fini, car les coordonnées $(\theta_1, ..., \theta_n)$ d'un tel θ sont tels que $0 \leq \theta_i \leq \lambda_1$. Notons $N(\lambda)$ le nombre de ces éléments :

$$N(\lambda) = \operatorname{Card}\{\theta \in \Lambda \;/\; \theta \preceq \lambda\}.$$

• **Preuve de l'assertion (1) :** $\Bbbk[X_1, ..., X_n]$ est un $\Bbbk$-module libre dont une base est formée par les monômes X^ν. Si $S \in \Bbbk[X_1, ..., X_n]$ est un polynôme symétrique, il existe donc des scalaires c_λ (tous nuls sauf un nombre fini d'entre eux) tels que :

$$S = \sum_{\nu \in \mathbb{N}^n} c_\lambda X^\nu.$$

L'égalité

$$\sum_{\nu \in \mathbb{N}^n} c_\lambda X^\nu = S = \sigma(S) = \sum_{\nu \in \mathbb{N}^n} c_\lambda X^{\sigma(\nu)}$$

impose d'avoir $c_\nu = c_{\sigma^{-1}(\nu)}$ quels que soient $\nu \in \mathbb{N}^n$ et $\sigma \in S_n$, de sorte que tous les c_λ soient égaux sur l'orbite $S_n\nu$ de ν. En choisissant pour représentant de chaque orbite le n-uplet dominant, et en posant

$$m_\lambda = \sum_{\mu \in S_n\lambda} X^\mu$$

pour chaque λ dans Λ, le polynôme S apparaît comme une combinaison linéaire des polynômes m_λ, ceux-ci étant symétriques par construction.

• **Preuve de l'assertion (2)** : Montrons que pour tout $\lambda \in \Lambda$, m_λ est un polynôme en Σ_1, ..., Σ_n. Raisonnons par récurrence sur le nombre $N(\lambda)$. La preuve utilise le lemme suivant :

Lemme 1.3 *Pour tout* $\lambda, \lambda' \in \Lambda$,

$$m_\lambda m_{\lambda'} = m_{\lambda+\lambda'} + \sum_{\substack{\theta \in \Lambda \\ \theta \prec \lambda+\lambda'}} a_\theta m_\theta.$$

Preuve du lemme 1.3 : Puisque $m_\lambda m_{\lambda'}$ est symétrique, écrivons

$$m_\lambda m_{\lambda'} = \sum_{\theta \in \Lambda} a_\theta m_\theta,$$

où les a_θ sont tous nuls, sauf pour un ensemble fini non-vide d'indices E. Comme l'ordre lexicographique $\preceq$ est total, E admet un plus grand élément θ_0, et :

$$m_\lambda m_{\lambda'} = a_{\theta_0} m_{\theta_0} + \sum_{\substack{\theta \in \Lambda \\ \theta \prec \theta_0}} a_\theta m_\theta.$$

Quand on écrit :

$$m_\lambda m_{\lambda'} = \sum_{\mu \in \mathbb{N}^n} c_\mu X^\mu,$$

alors $\lambda + \lambda'$ est le plus grand élément de l'ensemble $\{\mu \in \mathbb{N}^n \ / \ c_\mu \neq 0\}$, donc :

$$m_\lambda m_{\lambda'} = X^{\lambda+\lambda'} + \sum_{\substack{\mu \in \mathbb{N}^n \\ \mu \prec \lambda+\lambda'}} c_\mu X^\mu.$$

Comme $\theta_0 = \mathrm{Max}\,\{\mu \in \mathbb{N}^n, c_\mu \neq 0\}$, on obtient $X^{\lambda+\lambda'} = a_{\theta_0} X^{\theta_0}$, d'où $a_{\theta_0} = 1$ et $\lambda + \lambda' = \theta_0$. Finalement :

$$m_\lambda m_{\lambda'} = m_{\lambda+\lambda'} + \sum_{\substack{\theta \in \Lambda \\ \theta \prec \lambda+\lambda'}} a_\theta m_\theta. \quad \blacksquare$$

Retournons maintenant à notre raisonnement par récurrence :

Initialisation : Si $N(\lambda) = 0$, alors $m_\lambda = 1$ et tout va bien. Si $N(\lambda) = 1$, notons $\varepsilon_i = (1, ..., 1, 0, ..., 0) \in \Lambda$ le n-uplet dominant dont les i premières coordonnées sont égales à 1. On a :

$$m_{\varepsilon_i} = \sum_{\mu \in S_n \varepsilon_i} X^\mu = \sum_{j_1 < ... < j_i} X_{j_1} ... X_{j_i} = \Sigma_i.$$

Hérédité : Soit N un entier ≥ 2. Supposons que le résultat soit démontré pour tout $\theta \in \Lambda$ tel que $N(\theta) < N$, et montrons-le au rang suivant. Soit $\lambda \in \Lambda$ tel que $N(\lambda) = N$. Si $\lambda = (d, ..., d) = d\varepsilon_n$, alors $m_\lambda = X_1^d ... X_n^d = (\Sigma_n)^d$. Dans le cas contraire, notons i l'unique entier tel que :

$$\lambda_1 = ... = \lambda_i > \lambda_{i+1} \geq ... \geq \lambda_n.$$

Le n-uplet $\lambda' = \lambda - \varepsilon_i$ est dominant et vérifie $\lambda' \prec \lambda$. Le lemme donne :

$$m_{\varepsilon_i} m_{\lambda'} = m_{\varepsilon_i+\lambda'} + \sum_{\substack{\theta \in \Lambda \\ \theta \prec \varepsilon_i+\lambda'}} a_\theta m_\theta = m_\lambda + \sum_{\substack{\theta \in \Lambda \\ \theta \prec \lambda}} a_\theta m_\theta$$

soit

$$m_\lambda = (\Sigma_i)\, m_{\lambda'} - \sum_{\substack{\theta\in\Lambda \\ \theta\prec\lambda}} a_\theta m_\theta.$$

Il suffit d'appliquer l'hypothèse récurrente à $m_{\lambda'}$ et aux m_θ pour constater que m_λ est un polynôme en Σ_1, ..., Σ_n.

• **Dernière étape** : Pour achever la preuve du théorème 1.5, il ne reste plus qu'à démontrer l'unicité de la décomposition. Cela revient à vérifier que les polynômes symétriques élémentaires Σ_1, ..., Σ_n sont algébriquement indépendants, autrement dit que, si $P \in \Bbbk[X_1, ..., X_n]$,

$$P \neq 0 \quad\Rightarrow\quad P(\Sigma_1, ..., \Sigma_n) \neq 0.$$

Notons $P = \sum_{\nu\in\mathbb{N}^n} c_\nu X^\nu$. Appelons E l'ensemble fini formé par les indices ν tels que $c_\nu \neq 0$. Cet ensemble n'est pas vide, et l'on va chercher un monôme X^{ν_0} de $P(\Sigma_1, ..., \Sigma_n)$ dont le coefficient c_{ν_0} n'est pas nul, ce qui nous assurera d'avoir $P(\Sigma_1, ..., \Sigma_n) \neq 0$.
Pour tout $i \in \{1, ..., n\}$,

$$\Sigma_i = m_{\varepsilon_i} = X_1 ... X_i + \sum_{\substack{\mu\in S_n\varepsilon_i \\ \mu\prec\varepsilon_i}} X^\mu,$$

puisque ε_i est l'unique n-uplet dominant de l'orbite $S_n\varepsilon_i$. Par conséquent :

$$\forall k \in \mathbb{N}^* \quad \Sigma_i^k = X_1^k, ... X_i^k + \sum$$

et pour tout $\nu = (\nu_1, ..., \nu_n) \in \mathbb{N}^n$,

$$\Sigma_1^{\nu_1} ... \Sigma_n^{\nu_n} = X_1^{\nu_1+...+\nu_n} X_2^{\nu_2+...+\nu_n} ... X_n^{\nu_n} + \sum$$

où les symboles $\sum$ désignent des combinaisons linéaires de monômes plus petits au sens de l'ordre lexicographique. Définissons l'application :

$$\begin{array}{cccc} \Phi : & \mathbb{N}^n & \longrightarrow & \mathbb{N}^n \\ & (\nu_1, ..., \nu_n) & \longmapsto & \left(\sum\limits_{i=1}^n \nu_i, \sum\limits_{i=2}^n \nu_i, ..., \nu_n\right) \end{array}$$

et définissons un nouvel ordre $\preceq_\Sigma$ sur $\mathbb{N}^n$ en posant :

$$\forall \mu, \nu \in \mathbb{N}^n \qquad \mu \preceq_\Sigma \nu \;\Leftrightarrow\; \Phi(\mu) \preceq \Phi(\nu).$$

Φ est injective donc $\preceq_\Sigma$ est bien une relation d'ordre total, et l'on peut s'intéresser au plus grand élément ν_0 de E pour cette relation d'ordre $\preceq_\Sigma$. Alors $c_{\nu_0} \neq 0$, ν_0 est un n-uplet dominant, et

$$P(\Sigma_1, ..., \Sigma_n) = c_{\lambda_0} X^{\nu_0} + \sum$$

où $\sum$ désigne toujours une combinaison linéaire de monômes plus petits au sens de l'ordre lexicographique. Cela prouve que le polynôme $P(\Sigma_1, ..., \Sigma_n)$ n'est pas nul. ■

Bibliographie

[1] J.-M. Arnaudiès & J. Lelong-Ferrand, Cours de Mathématiques tome 1 : Algèbre, Coll. Les cours de référence, Dunod, 2003.

[2] J.de Biasi, Mathématiques pour le CAPES et l'Agrégation Interne, Ellipses, 2004.

[3] J. Escoffier, Probabilités et statistiques pour le CAPES et l'agrégation interne, Ellipses, 2006.

[4] X. Gourdon, Les Maths en tête : Mathématiques pour M' : algèbre, Ellipses, 1998 .

[5] P. Eymard & J.-P. Lafon, Autour du nombre π, Hermann-Paris, 1999.

[6] D.J. Mercier, Cours de géométrie, préparation au CAPES et à l'agrégation, Publibook, 2004.

[7] D.-J. Mercier, Cahiers de mathématiques du supérieur, Vol. I, Publibook, 2010.

[8] A. Pommelet, Cours d'analyse, Ellipses, 1994.

[9] E. Ramis, C. Deschamps, J. Odoux, Cours de Mathématiques Spéciales, Volume **4**, Séries et Equations Différentielles, Masson, 1989.

[10] Rapport sur l'agrégation interne et le CAERPA de mathématiques, année 2010, SGDGRH, 2010.

[11] P. Tauvel, Algèbre pour l'agrégation interne, Masson, 1996.

[12] A. Tissier, Mathématiques Générales. Exercices avec solutions, Bréal, 1995.

Chapitre 2

Une expérience en préparation concours

Une expérience en préparation concours :
l'utilisation de TD orientés sur l'apprentissage des fondamentaux.

(Dany-Jack Mercier[1])

Résumé : Des questions classiques posées à l'écrit ou à l'oral d'un concours suffisent pour éliminer une grande proportion de candidats. Ces questions portant sur des contenus primordiaux des années de licence, devraient pourtant être l'occasion de montrer sa maîtrise des fondamentaux.
Des tests effectués sur des groupes d'étudiants qui viennent d'obtenir la licence montrent que ceux-ci ne maîtrisent pas des questions qui faisaient pourtant explicitement partie d'un programme standard. Plus grave encore, on peut noter qu'en fin d'année de préparation au CAPES, des réponses "convenables" à des questions classiques n'étaient pas données.
Le but de cet article est de prendre conscience de ce problème pour pouvoir ensuite proposer une remédiation.

[1]CRREF (équipe d'accueil n°4538), dany-jack.mercier@univ-ag.fr.
Un exposé sur ce thème a été donné à l'IUFM de Guadeloupe en février 2011.

2.1 Etat des lieux

2.1.1 CAPES externe 2003

Voici un extrait de la seconde composition du CAPES externe 2003 posé en épreuve écrite d'entraînement d'une durée de 5 heures à un groupe de neuf étudiants préparant le concours. Les questions étant classiques, on aurait pu imaginer que l'occasion était rêvée pour qu'un candidat moyennement préparé engrange rapidement des points, et libère du temps pour réfléchir à d'autres questions.
Cela n'a pas été le cas. Les pourcentages entre crochets indiquent les taux de réussite[2] obtenus dans ce groupe interrogé en septembre 2008.

CAPES externe 2003 (2e comp.)

Partie II.A : Résultats généraux sur les groupes et les anneaux.

1. Soient a et b deux éléments d'un anneau commutatif $(A, +, \times)$ et n un entier naturel non nul. Montrer que $b^n - a^n$ est divisible par $b - a$. [20%]

2. Montrer que $\mathbb{Z}/n\mathbb{Z}$ est un corps si et seulement si n est premier. [13%]

3. Factorisation de polynômes.

(a) Soit P un polynôme de degré k supérieur ou égal à 1, à coefficients dans $\mathbb{Z}/n\mathbb{Z}$, où n est un entier premier. Montrer que P admet au plus k racines (on pourra raisonner par récurrence sur k). [0%]

(b) Déterminer dans $\mathbb{Z}/6\mathbb{Z}$ les racines du polynôme $P(X) = X^2 - X$. Que peut-on en conclure ? [21%]

(c) Trouver dans $\mathbb{Z}/6\mathbb{Z}[X]$ deux factorisations distinctes de $X^2 - X$ sous la forme $(X - \dot{a})(X - \dot{b})$. [23%]

4. On rappelle que si x est un élément d'un groupe fini G, l'ordre de x est le plus petit entier naturel k non nul tel que $x^k = 1$, où 1 désigne l'élément neutre de G.

(a) Soit x un élément de G, groupe fini de cardinal n. Montrer que, si k est l'ordre de x, alors l'ensemble $\{1, x, ..., x^{k-1}\}$ est un sous-groupe de G. En déduire que l'ordre de x divise le cardinal de G, et que $x^n = 1$. [16%]

(b) Si p est un entier naturel premier et x un entier naturel non divisible par p, montrer que $x^{p-1} - 1$ est divisible par p. [0%]

Il est important de réaliser que les questions précédentes, posées à l'écrit d'un concours, sont toutes susceptibles d'être demandées pendant l'entretien qui suit une épreuve orale du CAPES ou de l'agrégation.

[2] Nombre de points gagnés par rapport au nombre de points proposés dans le barème.

En ce sens, ces questions font partie des fondamentaux : il est utile de les travailler pour préparer l'écrit d'un concours, et ne pas savoir y répondre à l'oral expose à une note éliminatoire. Il suffit d'imaginer la réaction d'un jury d'oral qui poserait la question 1, ou 2, ou 3.(a), ou encore 4.(a) ou 4.(b) sans réussir à obtenir une réaction convenable du candidat, pour comprendre de quoi il s'agit...

L'idée de travailler de façon plus systématique sur les fondamentaux dans les matières sur lesquelles je devais préparer les candidats[3] m'est venue à l'esprit progressivement, il y a quelques années, en remarquant que des étudiants, pourtant préparés au concours pendant une année, échouaient lamentablement à des simulations d'oraux organisées en juin avec l'aide d'autres collègues. Ils chutaient sur des questions simples, donc ils n'étaient pas suffisamment préparés à ces oraux ! Je pense encore à un collègue inspecteur qui, sortant d'une simulation d'oral 1 avec mes étudiants, m'a dit que le candidat étaient incapable de répondre convenablement sur des questions de géométrie simples, comme montrer que trois médianes sont concourantes, ou définir le cosinus d'un angle.

On notera au passage combien la préparation à l'écrit d'un concours est proche de la préparation à l'oral. Les questions précédentes servent aux deux, et ne pas les avoir travaillées pendant sa préparation expose à des échecs à l'écrit comme à l'oral.

Le tableau ci-dessous montre les résultats obtenus par les étudiants qui composèrent. Les étudiants A et B étaient des redoublants.

Question :	1	2	3.a	3.b	3.c	4.a	4.b
Barême :	6	4	4	4	3	8	3
A	0	0	0	0	0	0	0
B	6	0,5	0	4	3	5	0
C	0	0	0	0	0	0	0
D	0	0	0	0	0	2	0
E	1	4	0	3,5	3	4	0
F	0	0	0	0	0	0	0
G	3	0	0	0	0	0	0
H	0	0	0	0	0	0	0
I	0	0	0	0	0	0	0

Barême sur 32

Taux de réussite :
Redoublants : 29%
Primo-arrivant : 9%

[3] Algèbre, géométrie et arithmétique.

2.1.2 Agrégation interne 2007

Voici un extrait de la première composition de l'agrégation interne 2007, posé en simulation d'écrit à 12 étudiants préparant le CAPES externe en décembre 2009 après trois mois et demi de "préparation globale" :

Agrégation interne 2007 (1re comp.)
Partie II : L'anneau $\mathbb{Z}[i\sqrt{2}]$

$\mathbb{Z}[i\sqrt{2}]$ est l'ensemble des nombres complexes $a + ib\sqrt{2}$, où $a \in \mathbb{Z}$ et $b \in \mathbb{Z}$. Pour tout $z \in \mathbb{C}$ on pose $N(z) = z\overline{z} = |z|^2$.

1. Montrer que $\mathbb{Z}[i\sqrt{2}]$ est un sous-anneau de $\mathbb{C}$ commutatif et intègre. [61%]

2. (a) Vérifier que pour tout $\alpha \in \mathbb{Z}[i\sqrt{2}]$, le nombre $N(\alpha)$ est entier. [80%]
   (b) Démontrer que les éléments inversibles de $\mathbb{Z}[i\sqrt{2}]$ sont les éléments α tels que $N(\alpha) = 1$. [30%]
   (c) Déterminer les éléments inversibles de $\mathbb{Z}[i\sqrt{2}]$. [36%]

3. Etant donnés deux éléments α et β, $\beta \neq 0$, de $\mathbb{Z}[i\sqrt{2}]$, démontrer qu'il existe γ et $\delta \in \mathbb{Z}[i\sqrt{2}]$ tels que $\alpha = \beta\gamma + \delta$ et $|\delta| < |\beta|$.
[On pourra prouver l'existence de $\gamma \in \mathbb{Z}[i\sqrt{2}]$ tel que $|\gamma - \frac{\alpha}{\beta}| < 1$]. [10%]

4. Démontrer que l'anneau $\mathbb{Z}[i\sqrt{2}]$ est principal. [17%]

5. Déterminer les diviseurs irréductibles de 2 dans $\mathbb{Z}[i\sqrt{2}]$. [0%]

Voici les notes obtenus par les candidats :

Question :	1	2.a	2.b	2.c	3	4	5
Barême :	4	2	2	2	4	2	2
A	4	2	2	2	4	2	N
B	2	2	0	0,5	N	2	N
C	3	2	0	0	N	N	N
D	4	2	2	2	N	N	N
E	3	2	1	0	N	0	0
F	2,5	2	1	2	N	N	0
G	3,5	2	0,5	N	N	N	N
H	2	N	N	N	N	N	N
I	2	2	N	2	N	N	N
J	3	1	0,5	0	0,5	N	N
K	0	2	0	0	N	0	N
L	N	N	N	N	N	N	N

A = Capésienne qui préparait l'agrég. int.[4]

Taux de réussite : 34%

N = Non abordé

[4] La candidate A possédait le CAPES et était placée en congé de formation pour préparer l'agrégation interne, qu'elle a brillamment obtenue à la fin de l'année.

2.1.3 Lu dans un rapport du jury

La lecture des rapports des jurys des concours est une activité saine recommandée à tous les candidats et aux formateurs. Voici ce que l'on peut lire dans le rapport du CAPES externe 2009 :

- Beaucoup de candidats appliquent au polynôme à coefficients complexes de l'énoncé des résultats portant sur des polynômes à coefficients réels : en particulier on trouve l'affirmation que tout polynôme de degré 3 admet au moins une racine réelle.

- Il est assez étonnant qu'un faible nombre de candidats sachent calculer les racines carrées d'un nombre complexe sous forme algébrique (...).

- Bien peu de candidats arrivent à proposer une démarche cohérente du calcul du déterminant et encore moins présentent un calcul rigoureux essentiellement par ignorance des manipulations élémentaires sur les lignes ou les colonnes qui permettent de simplifier le calcul de tels déterminants.

- Quelques candidats pensent à utiliser les classiques relations entre coefficients et racines d'un polynôme.

- *Au sujet de la définition de l'enveloppe convexe d'une partie du plan, demandée à la question C.I.1, on peut lire :*

> "Cette question est la plus traitée mais on trouve peu de rédaction rigoureuse. On peut à la lecture des copies légitimement se demander si les candidats ont vu, au moins une fois dans leur cursus, le développement complet de ce genre de démonstration."

- La caractérisation d'un triangle équilatéral dont les sommets ont pour affixe a, b, c par la relation :

$$a^2 + b^2 + c^2 - ab - bc - ca = \left(a + jb + j^2c\right)\left(a + j^2b + jc\right) = 0$$

n'apparaît dans aucune copie[5].

- Les candidats pensent que le vecteur dérivé d'un vecteur mobile $\overrightarrow{MF}(t)$ est toujours orthogonal à ce dernier.

- La nature de la composée de deux réflexions est méconnue de la majorité des candidats qui abordent ces questions[6].

- La traduction géométrique des égalités complexes pose problème à la majorité des candidats.

---

[5] [11], Questions 486 et 487.

[6] [11], Questions 383 et 384.

2.1.4 Que faire ?

On peut déjà se poser trois questions :

Question n°1 — Pourquoi ces questions classiques posent-elles de graves problèmes aux candidats, parfois même à des redoublants ?

Question n°2 — Dans une préparation à un concours, ne faudrait-il pas se donner comme objectif prioritaire de permettre à chaque étudiant de répondre à toute une série de questions classiques que l'on peut poser sur le programme officiel (à l'oral ou à l'écrit en produisant une rédaction irréprochable) ?

Question n°3 — Une telle démarche, qui se focalise sur l'acquisition des fondamentaux, est-elle un gage de réussite à l'écrit comme à l'oral du concours ?

Pour répondre à ces questions, j'ai essayé de dégager l'esprit qui préside dans chacune des épreuves d'un concours, sans faire pour l'instant attention aux contenus des programmes.

Jusqu'à très récemment, je pensais naturellement qu'un concours comme le CAPES comportait deux types d'épreuves : des écrits et des oraux. La préparation à ces épreuves pouvait donc s'articuler de deux manières différentes. D'une part on pouvait préparer l'écrit en multipliant les exercices et les problèmes à rechercher et rédiger, en particulier les problèmes d'annales récentes ; d'autre part on pouvait s'entraîner à la prise de parole à l'occasion d'exposés oraux dans les conditions du concours.

C'est justement en assistant à des exposés d'entraînement pour l'oral du CAPES externe et de l'agrégation interne que je me suis aperçu que, si la plupart des exposés proposés par les candidats et préparés à l'avance étaient bons, voire excellents, l'entretien qui suivait l'exposé pouvait faire dramatiquement chuter la note.

Les candidats réagissaient généralement mal sur des questions "simples", et leurs manques ou leurs hésitations sur ces sujets les pénalisaient énormément.

J'en suis venu à me dire que *l'entretien qui suit un exposé est une épreuve à part*, et distinguer trois types d'épreuves fondamentalement différentes auxquelles il s'agissait de préparer les candidats :

- ✠ L'écrit.
- ✠ L'exposé oral.
- ✠ L'entretien qui suit un exposé oral.

Ces épreuves sont différentes :

✠ **L'écrit** — On est "le roi sur sa copie". On choisit les questions auxquelles on va répondre et l'on décide du niveau de précision des explications que l'on proposera.

✠ **L'exposé** — On doit réunir suffisamment de contenu sur le thème proposé, pendant le temps imparti, le structurer, puis l'exposer. On reste encore le maître des questions que l'on traitera.

✠ **L'entretien** — Le jury mène la danse... On ne choisit plus les questions auxquelles on doit répondre, et l'on ne décide plus seul du niveau de précision des réponses. Le jury cherche à savoir si le candidat maîtrise son sujet. Il pose toutes sortes de questions, et pardonne difficilement de ne pas savoir répondre à une question fondamentale.

Imaginons un court instant ce que peut penser un examinateur qui découvre durant un entretien que le candidat[7] :

- est incapable de proposer une définition rigoureuse d'une bissectrice intérieure d'un triangle (116) ;

- ignore comment montrer que les trois bissectrices intérieures d'un triangle concourent (31) ;

- reste bouche bée quand on lui demande de démontrer le Théorème de Thalès (97) ;

- ne sait pas démontrer le Théorème de Pythagore et sa réciproque sans utiliser le produit scalaire, comme on le ferait en collège (133 et 134) ;

- n'arrive pas à donner la liste de toutes les isométries de l'espace (387).

Après les constats d'échec donnés aux Section 2.1.1 et 2.1.2 et les réflexions précédentes, il me semble raisonnable de déclarer que :

► Toutes les questions posées à l'oral d'un concours pendant un entretien sont à travailler en priorité.

► Les questions de cours ou d'application directe du cours posées dans des problèmes de concours sont à étudier en priorité.

► Il est utile de proposer un travail spécifique d'apprentissage et de consolidation des fondamentaux, le premier objectif étant de déterminer aussi précisément que possible quels sont les savoirs "indispensables", pour ensuite se poser la question de la stratégie à mettre en oeuvre pour permette d'acquérir ces savoirs en un temps raisonnable.

[7]Les nombres entre parenthèses renvoient aux numéros des questions dans le vol. IV de "Acquisition des fondamentaux pour les concours" [11].

► L'acquisition des fondamentaux étant importante pour les trois types d'épreuves, il est judicieux de commencer à travailler ces fondamentaux très tôt dans une préparation aux concours, voire d'organiser les enseignements que l'on donne dans les premières années d'université autour de ces fondamentaux, en insistant sur leur maîtrise.

Le travail sur les fondamentaux permet de préparer conjointement l'écrit, l'épreuve d'exposé et l'épreuve d'entretien. Il offre à terme un volume de connaissances de base que le candidat doit s'habituer à mobiliser lorsque cela devient nécessaire.

2.2 Comment s'entraîner ?

2.2.1 Atomiser les connaissances

Quel rapport peut-il y avoir entre :

- ✠ Samuel Hahnemann,
- ✠ Le Kendo,
- ✠ La préparation à un concours ?

✠ Samuel Hahnemann (1755-1843) est l'inventeur de l'homéopathie qui soigne le malade à partir de doses infiniment réduites de substances qui provoquent les mêmes troubles que ceux présents chez le malade.

✠ Le Kendo est un sport de combat où il faut répéter un même mouvement suffisamment longtemps pour qu'il devienne naturel et facile à employer le moment venu, dans un combat.

✠ Dans un concours, il faut acquérir des réflexes et mobiliser tout un ensemble de connaissances élémentaires. On acquiert ces réflexes et ces connaissances par la répétition et l'utilisation de questions (exercices) courts centrées sur les savoirs fondamentaux et les techniques de base.

Laissons divaguer notre esprit et faisons quelques lignes d'écriture automatique. Les mots qui peuvent venir à l'esprit sont :

> Dose réduite, quantum (= plus petite mesure indivisible), éléments de réponses, connaissances élémentaires, particules de savoir, répétition, réflexes, ré-utilisation, mobilisation régulière du savoir, sensation, excellence, pureté du geste, maîtrise...

Je propose un programme en trois étapes :

A. Repérer des questions à connaître.

B. Atomiser les connaissances détectées.

C. Définir une stratégie d'apprentissage.

Etape A — Pour rechercher les questions qui méritent d'être posées et travaillées, je propose d'utiliser cinq sources :

- *des questions effectivement posées à l'oral des concours.* On peut penser aux oraux des CAPES externes et internes, mais aussi de l'agrégation interne et du CAPLP de Mathématiques - Sciences Physiques, si l'on prépare au CAPES externe. Des questions reviennent régulièrement comme des leitmotivs et permettent au jury d'observer les réactions des candidats. Ces questions sont accessibles dans les comptes rendus faits par les candidats et dans certains ouvrages spécialisés.

- *des extraits de problèmes de concours.* Il s'agit de répertorier les passages où l'on engrange facilement des points quand on sait de quoi on parle. Il s'agit souvent de questions de cours ou de questions qui demandent un réinvestissement immédiat du cours. Ces questions permettent de montrer son savoir au correcteur et de prouver que l'on est capable de rédiger un texte mathématique rigoureux et précis.

- *des questions suggérées par les rapports de jury.* Les examinateurs qui interrogent à l'oral des concours sont les mieux placés pour nous dire quelles sont les questions auxquelles il faut pouvoir répondre. La lecture des rapports du jury est ainsi émaillée de "passages lumineux" sur ce que l'on doit savoir faire à l'écrit et à l'oral, et comment on doit les faire.

- *des résultats classiques de cours.* Ce n'est pas en suivant un cours magistral une fois dans sa vie ou en étudiant sur un livre de cours une seule fois que l'on devient un spécialiste ! Ce n'est pas parce qu'on a obtenu sa licence que l'on maîtrise les connaissances qui y sont enseignées : tout au plus a-t-on a reçu l'attestation qu'un certain niveau de compréhension a été obtenu à un moment donné. Quand on désire devenir un spécialiste pour enseigner sa discipline, il faut aller beaucoup plus loin. Il faut réfléchir sur les savoirs de base et pouvoir les expliquer avec précision. Il faut connaître et pouvoir restituer parfaitement les définitions de base et les théorèmes classiques, à l'oral comme à écrit. Chaque petite virgule d'un développement que l'on propose doit pouvoir être expliquée et justifiée. On est en quête d'excellence ! Les connaissances de bases doivent faire partie de soi... Il s'agit de la mise en oeuvre de tout un programme d'action : la connaissance parfaite d'un "cours minimum" est un objectif en soi.

- *des questions de ré-investissement du cours.* Ces questions servent à mobiliser (donc aussi à apprendre) des savoirs pour résoudre des problèmes. C'est ainsi que l'on s'habitue à réagir à l'écrit pour penser à utiliser le "bon théorème". Ré-investir le cours, c'est enrichir son vécu mathématiques et prendre du recul sur les thèmes que l'on traite. Travailler sur des exercices de ré-investissement du cours, c'est aussi préparer ses oraux en multipliant les exemples d'application et en perfectionnant notre vision personnelle des choses.

Etape B — Atomiser les connaissances importantes revient à créer des "Eléments de Connaissances" (EC) avec lesquels on pourra facilement s'entraîner. Dans la pratique, cela consiste à construire des "Questions/Réponses" courtes.
Mais j'émettrai une réserve : l'atomisation des connaissances ne doit jamais nuire à la mémorisation de ces connaissances. Il sera ainsi souvent utile de créer "une" Question/Réponse elle-même constituée de plusieurs questions enchaînées qui se retiennent mieux ensemble[8]. Le système doit demeurer souple pour que l'objectif principal reste de faciliter la préparation personnelle des candidats !

Etape C — Une fois que l'on dispose d'une liste d'EC à maîtriser parfaitement, il ne reste plus qu'à définir une stratégie permettant à chacun de s'approprier ces connaissances.
Les méthodes utilisées seront laissées à l'appréciation de chacun. On peut imaginer toutes sortes de méthodes collectives ou individuelles, mais quelle que soit la méthode utilisée, on n'oubliera pas que le temps passé à s'entraîner sur des EC est une donnée essentielle qu'il ne faut pas négliger. C'est en forgeant qu'on devient forgeron. C'est en répondant à des questions qu'on apprend à y répondre.
Je proposerai quelques stratégies de mises en oeuvre de ce programme dans les Sections qui suivent.

2.2.2 Organiser des retours programmés

Apprendre à réagir sur des questions importantes est une bonne chose que l'on peut faire chez soi avec un bon livre, ou en salle dans l'ambiance chaude d'un groupe de TD.

Mais il ne faut pas oublier de "verrouiller" ces connaissances dans son cerveau pour les rendre facilement disponibles. Pour cela, il est nécessaire de revenir régulièrement sur les éléments de connaissances déjà travaillés.

Les questions importantes doivent être reposées régulièrement pour permettre la mémorisation des réponses sur le long terme. On ne peut se conten-

[8] Les exemples ne manquent pas en [11].

ter d'un "learn & let go" ([9]). On désire créer des circuits neuronaux où seront imprimées les informations désirées.

Dans le "Nouvel Obs" de septembre 2005, on peut lire :

> "Notre hypothèse directrice est que l'élagage obéit à la règle "use it or lose it", on s'en sert ou on le perd. Les cellules et connexions qui sont utilisées vont survivre et prospérer, les autres vont disparaître. Si un teenager fait de la musique, du sport ou des études, ces tendances vont progressivement devenir "câblées". Idem s'il passe son temps à traîner sur le canapé ou devant l'écran de la console de jeux."

Il faut donc apprendre des "connaissances" et s'en servir régulièrement pour pouvoir en disposer le moment venu. Le sens du mot "exercice", employé quand on s'entraîne sur des petits problèmes de mathématiques, apparaît clairement comme une référence à l'exercice physique que l'on doit régulièrement faire pour rester en forme. Ce parallèle est important : en sport, le mot "exercice" évoque quelque chose de répétitif qui apporte force ou souplesse. Il en est de même en mathématiques. Mais que peut-on faire dans la pratique ? Proposons quelques pistes...

2.2.3 Piste n°1 : Interrogation Orale de Cours

L'idée est de travailler un certain temps en TD sur une liste d'Eléments de Connaissances (EC) donnée, de faire quelques cours sur un sujet donné ou de demander aux étudiants de réviser quelques chapitres d'un cours polycopié qu'on leur aura fourni.

A un moment convenu, il s'agit d'organiser une interrogation orale d'une ou deux heures où l'on posera des questions choisies parmi les EC et les chapitres de cours étudiés, la seule condition étant que ces questions soient adaptées un tant soit peu à un questionnement oral.

On obtient une IOC (Interrogation Orale de Cours) qui peut être une :

- *IOC d'entraînement (IOCE, formative)* si le but est de revenir sur des questions importantes déjà étudiées pour les réinvestir et écouter la façon dont l'étudiant maîtrise cette connaissance à l'oral (il s'agit d'une excellente préparation aux oraux de concours) ;

- *IOC de contrôle (IOCC, sommative)* qui attribue une note d'oral à chaque étudiant interrogé (un exemple est donné à la Section 2.2.7).

---

[9] Apprendre et partir.

Les modalités pratiques de l'interrogation orale sont laissées au choix avisé du formateur : on peut organiser des tirages au sort, interroger des étudiants assis à leurs places, demander de répondre aux questions debout au tableau en autorisant d'utiliser le tableau comme support d'explications, ou imaginer faire travailler tout le "groupe classe" en posant une question et en demandant de débuter une réponse à l'écrit sur un brouillon en restant à leurs place (j'aime appeler "brouillon-voltigeur" un tel brouillon), pendant cinq minutes, avant de choisir quelqu'un qui exposera sa réponse au tableau.

On peut aussi envisager de partager la classe en équipes concurrentes et organiser un jeu sur ces Questions/Réponses. Toutes les modalités pratiques imaginables pourront être testées pour être éventuellement reconduites si elles fonctionnent dans sa classe.

2.2.4 Piste n°2 : Interrogation Ecrite sur les Fondamentaux

On applique les mêmes principes que pour les IOC, mais on demande de répondre aux questions par écrit en temps limité. Il s'agit de chercher des réponses et de produire des rédactions complètes. On peut encore faire la distinction entre des Interrogations Ecrites sur les Fondamentaux (IEF) d'entraînement (IEFE) ou de contrôle (IEFC).

Ce type de travail prépare plus spécifiquement aux épreuves écrites des examens et des concours.

Un travail spécifique peut être mené sur la rédaction si l'on décide de redistribuer les feuilles la séance suivante en demandant aux étudiants de corriger la feuille de leur voisin. Le formateur explique alors les solutions au tableau, en discute avec les étudiants, et propose un barème. Il passe ensuite dans les rangs pour aider les étudiants à interpréter et noter les copies. Se placer dans la peau du correcteur permet de prendre conscience de la nécessité de rédiger avec rigueur et lisiblement.

2.2.5 Piste n°3 : Evaluation Par Contrat de Confiance

L'idée est d'avertir les étudiants suffisamment à l'avance que l'on trouvera un certain nombre de questions déjà traitées en TD dans le prochain contrôle. Cette méthode, appelée "Evaluation Par Contrat de Confiance" (EPCC) par André Antibi dans son livre "Les notes : la fin du cauchemar, ou comment supprimer la constante macabre" [2], a un effet garanti sur les étudiants studieux : les fondamentaux seront mieux appris et mieux retenus, et le travail sera envisagé avec sérieux et enthousiasme !

L'idée est aussi de récompenser l'apprenant en étant certain de le rétribuer pour son travail. Un effort qui n'est pas récompensé s'éteint indubitablement.

Il faut avertir les étudiants au moins une semaine avant le contrôle en leur donnant le programme précis des révisions, par exemple une liste de questions déjà traitées et corrigées en salle (cours, exercices, ...), et en leur disant bien qu'un certain nombre de questions du contrôle seront choisies dans cette liste. Antibi propose par exemple de dire :

> "Au contrôle, vous aurez à traiter certaines des questions de cette liste et, sur 4 points sur 20 environ, un exercice ne figurant pas sur la liste."

Le lecteur pourra se référer au chapitre 3 du livre d'Antibi pour bien comprendre les objectifs et modalités pratiques du système d'EPCC, et voir en détail les trois étapes proposée par l'auteur pour une classe du secondaire :

1. L'annonce du programme de contrôle,
2. La séance de Questions/Réponses pré-contrôle,
3. Le choix du contenu et la correction de l'épreuve.

2.2.6 Exemple de TD sur les "Fondamentaux"

On trouvera ci-dessous un TD de 3h proposé à mon groupe de Master Education et Formation (1re année) le lundi 8 novembre 2010. L'objectif était de réviser les fondamentaux concernant les anneaux $\mathbb{Z}/n\mathbb{Z}$. Nous avions déjà fait deux TD sur les groupes, mais il s'agissait du premier TD sur $\mathbb{Z}/n\mathbb{Z}$.

Bien à l'avance, j'avais averti les étudiants de réviser tout le contenu du chapitre 7 des "Fondamentaux d'algèbre et d'arithmétique" [9] que je leur avais distribué en début d'année, à l'exception des sections 7.1.4, 7.5 et 7.6 ; et je leur avais bien annoncé qu'il y aurait une IOCE d'une heure en début de séance.

Durant la première heure d'IOCE, on a pu se poser ensemble les premières "questions bateaux" sur le cours :

- Qui peut définir ce qu'est un anneau $\mathbb{Z}/n\mathbb{Z}$?

- Quelle est la relation d'équivalence utilisée ?

- Que représente exactement un élément de $\mathbb{Z}/n\mathbb{Z}$?

- Pourquoi peut-on définir une addition et une multiplication interne dans $\mathbb{Z}/n\mathbb{Z}$?

- Que peut-on dire du groupe $\mathbb{Z}/n\mathbb{Z}$? Qu'a-t-il de particulier ? (C'est le prototype des groupes cycliques...)

- Quelles propriétés pouvez-vous annoncer concernant $\mathbb{Z}/n\mathbb{Z}$?

La dernière question permet de répondre que $\mathbb{Z}/n\mathbb{Z}$ est un anneau, qu'il est intègre quand n est premier, qu'alors c'est un corps, puis de rappeler que la classe de x est inversible dans $\mathbb{Z}/n\mathbb{Z}$ si et seulement si x est premier avec n, et que cela caractérise aussi les éléments générateurs de $\mathbb{Z}/n\mathbb{Z}$. J'ai pu écrire des implications au tableau, par exemple :

$$n \text{ premier} \quad \Rightarrow \quad \mathbb{Z}/n\mathbb{Z} \text{ est un corps},$$

et demander de prendre un brouillon et cinq minutes pour les démontrer une à une avant d'exposer ou de demander à quelqu'un d'exposer sa solution.

Cela m'a permis d'enclencher directement sur les exercices de la feuille de TD : à la fin de l'IOCE, nous avions traité (oralement et/ou au tableau, et en proposant des réponses graduées allant du "assez flou mais juste" au "très précis") les Questions 2.1, 2.2 et 2.3.

J'ai ensuite distribué les feuilles de TD pour les deux heures restantes. J'ai demandé de commencer à chercher les Questions 2.9 et 2.10 qui ne figurent pas dans le cours, puis nous avons attaqué les questions de cours 2.5, 2.6 et 2.7. Le temps manquant, j'ai bien demandé de travailler seuls la Question 2.8 qui doit faire partie du bagage du candidat à la certification.

Ce TD fait travailler les bases. On rencontre certainement ces bases dans un cours classique (comme dans mes Fondamentaux d'algèbre et d'arithmétique), mais il ne s'agit pas de "glisser" sur ces connaissances sans faire l'effort de les retenir : il faut les voir et les revoir suffisamment souvent pour acquérir des réflexes et être à même de les utiliser "tout seul" devant sa feuille ou répondre à une question posée à l'oral. Pour être réactif, il faut avoir tourné ces questions dans "tous les sens". Il faut pouvoir dire ces énoncés fondamentaux à haute voix, et se lancer dans leurs démonstrations au tableau ou seulement en en parlant, pour bien voir quels arguments doivent être mobilisés. Bref, il faut JOUER suffisamment avec ces questions pour les VIVRE réellement.

Et ensuite ? Il sera bon de revenir sur ces questions de temps en temps, pour voir ce qu'il en reste. L'investissement est profitable ! Pour le Master, j'ai averti mes étudiants que le prochain partiel et l'examen de la première semaine de janvier proposeront quatre questions déjà traitées dans les TD que l'on aura faites de septembre aux dates des épreuves. Une bonne raison de s'atteler à réviser ces questions fondamentales pour de bon !

Et ensuite ? Que dire à un étudiant ? Qu'une fois qu'il possède les bases, il peut utiliser ses connaissances pour travailler sur des annales et des exercices en tout genre sur les programmes des écrits, en conservant toujours une solution à portée de main pour faire des progrès en temps limité. Le temps est compté, et le but est de "tracer un maximum" dans le temps imparti.

Voici le TD sur lequel nous avons travaillé le 8 novembre 2010 (les solutions ont été regroupées à la Section 2.4.1 pour permettre au lecteur de s'entraîner s'il le désire) :

ENONCE COMPLET DU TD

Question 2.1 *Soient n un entier naturel différent de 0 et de 1. Soit $\dot{x}$ un élément de $\mathbb{Z}/n\mathbb{Z}$. Montrer que les propriétés suivantes sont équivalentes :*
i) *$\dot{x}$ est inversible,*
ii) $\mathrm{pgcd}\,(x, n) = 1$,
iii) *$\dot{x}$ est un générateur de $(\mathbb{Z}/n\mathbb{Z}, +)$.*

Question 2.2 *(Ecrit du CAPES externe 2003) Soit $n \in \mathbb{N}\backslash\{0,1\}$. Montrer que les trois propriétés suivantes sont équivalentes :*
i) *n est premier,*
ii) *$\mathbb{Z}/n\mathbb{Z}$ est un corps,*
iii) *$\mathbb{Z}/n\mathbb{Z}$ est intègre.*

Question 2.3 *Montrer que tout anneau intègre fini est un corps.*

Question 2.4 *Enoncez le théorème des restes chinois. Démontrez-le.*

Question 2.5 *Définissez la fonction indicatrice d'Euler φ. Si $n \in \mathbb{N}^*$, donnez une expression explicite de $\varphi(n)$ en fonction des nombres premiers et des exposants qui interviennent dans la décomposition de n en produit de facteurs premiers. Démontrez cette dernière formule.*

Question 2.6 *Soit $n \in \mathbb{N}\backslash\{0,1\}$. On note φ la fonction indicatrice d'Euler. Démontrer que $\dot{a}^{\varphi(n)} = \dot{1}$ quel que soit l'élément $\dot{a}$ inversible de $\mathbb{Z}/n\mathbb{Z}$ (Théorème d'Euler).*

Question 2.7 *Si p est premier, démontrez que $a^p \equiv a \ (p)$ pour tout entier relatif a (petit Théorème de Fermat). Pouvez-vous en déduire une expression simple de l'inverse d'un élément inversible $\dot{a}$ de $\mathbb{Z}/p\mathbb{Z}$?*

Question 2.8 *Montrer qu'un entier $p \geq 2$ est premier si et seulement si $(p-1)! \equiv -1 \ (p)$ (Théorème de Wilson).*

Question 2.9 *(Oral du CAPES externe 2009) Soit $k \in \mathbb{N}$. Montrer que 10^k est congru à 1 modulo 7 si et seulement si k est multiple de 6.*

Question 2.10 *Trouvez les entiers naturels n tels que $25^{52n+10} \equiv 1 \ (11)$.*

2.2.7 Exemple d'IOCC

Voici le compte rendu de l'Interrogation Orale de Cours de Contrôle (IOCC) du 11 octobre 2010. La séquence d'une heure a permis quatre interrogations orales. L'étudiant tiré au sort répond pendant 15 minutes au tableau à un certain nombre de questions.

- Si la majorité des questions permettent des réponses courtes et sommaires, laissant à l'examinateur le soin de demander des précisions ou de poser plusieurs questions enchaînées motivées par cette première réponse, il existe à chaque fois une ou deux questions plus difficiles qui demandent d'utiliser le tableau comme brouillon et de débuter une recherche ou une démonstration.

- Le programme de révision est formé de toutes les Questions/Réponses traitées en TD depuis le début du semestre jusqu'à la date de l'IOC, et du contenu de tous les chapitres déjà révisés sur les livres sur les "Fondamentaux" [8] et [9], à l'exception des sections de ces livres qui sont indiquées comme non prioritaires. Il s'agissait ici de connaître les chapitres 1 à 5 des "Fondamentaux de géométrie" et les chapitres 1 à 6 des "Fondamentaux d'algèbre/arithmétique".

- Je pose des questions qui peuvent être enchaînées suivant les réactions des candidats, et change à certains moments de sujet. Chaque question est notée suivant un barème, et la note finale est la somme des points obtenus dans l'application de ce barème.

- M'apercevant que ces interrogations orales sont difficiles et peuvent rapidement être à l'origine d'une mauvaise note, je mets en place un "filet de sécurité" en m'autorisant à attribuer des "strokes positifs" à tout étudiant qui participe efficacement à un TD en présentant un exercice au tableau ou en raisonnant convenablement à l'oral devant ses camarades. Quatre strokes positifs comptent pour un 20/20 à l'oral.
Le mot "stroke" vient de l'Analyse Transactionnelle de Eric Berne. Le livre fondateur d'Eric Berne, intitulé "Que dites-vous après avoir dit bonjour ?" [3], lu alors que j'étais en train de préparer ma thèse à Nice, m'a laissé un excellent souvenir. Quelques années plus tard, jeune capétien dans mon premier poste en collège à Briey (Meurthe-et-Moselle), j'achetais et lisais un autre excellent livre d'analyse transactionnelle appliquée à l'enseignement. Il s'agit de "Comment réussir avec ses élèves, l'analyse transactionnelle à l'école", de Marie-Joseph Chalvin [4].

- Ce type d'épreuve donne un éclairage différent sur son entraînement en faisant prendre conscience de ce que l'on sait réellement "en situation difficile", et de ce que l'on devrait pourtant savoir. Une telle mise en perspective de nos connaissances me semble bénéfique et utile quand on prépare un concours, que ce soit en groupe au sein d'un IUFM ou seul dans son coin, avec l'ardeur et le courage de mise dans une telle entreprise. Ces questions offrent l'occasion de solliciter nos connaissances et de découvrir celles que l'on possède bien.

- C'est en se confrontant à ce type d'interrogation orale de 15 minutes au tableau que l'on comprend la difficulté de devoir rassembler ses idées en peu de temps pour répondre à des questions d'un jury, et la nécessité de connaître parfaitement son cours et les applications du cours pour "rester droit dans ses bottes" quand on affronte ce type d'épreuve.

- Le barème et la note obtenue par le candidat sont indiqués pour chaque question. L'étudiant interrogé doit rester suffisamment calme pour réussir à rassembler ses idées et proposer une réponse un tant soit peu structurée ! Le conseil donné est :

FAITES DES PHRASES ET SOYEZ EXPLICITES !

car ce n'est jamais au jury de compléter les réponses...

INTERROGATION n°1

Question 2.11 *Qu'est-ce qu'un groupe ?* (2/2)

Question 2.12 *On travaille dans un groupe G noté multiplicativement. Pouvez-vous nous définir ce que l'on entend par "sous-groupe engendré par une partie" ? Montrez qu'il en existe. Proposez deux définitions possibles.* (2/2)

Question 2.13 *Donnez explicitement la forme des éléments du sous-groupe engendré par une partie $\mathcal{A}$ donnée non vide.* (3/3)

Question 2.14 *Montrez-le complètement.* (4/4)

Question 2.15 *Que savez-vous sur l'intersection des bissectrices intérieures d'un triangle ? Connaissez-vous les coordonnées barycentriques du point dont vous parlez ?* (2/2)

Question 2.16 *Pouvez-vous démontrer que les coordonnées barycentriques du centre du cercle inscrit sont bien celles que vous avez annoncées ?* (5/5)

Question 2.17 *Expliquez-nous pourquoi $2x-3y+z+1=0$ est bien l'équation d'un plan dans l'espace ?* (0/2)

Note finale : 18/20.

Commentaires : La Question 2.17 ne fait pas explicitement partie du programme de révision annoncé, mais touche à l'algèbre linéaire, et nous supposons que les candidats connaissent bien leur cours d'algèbre linéaire même si celui-ci n'est pas abordé dans les deux livres sur les fondamentaux sur lesquels on travaille. Ce sont des prérequis indispensables. Il est conseillé de réviser les bases d'algèbre linéaire dès qu'on en ressent le besoin.

INTERROGATION n°2

Question 2.18 *Montrer que les trois médiatrices d'un triangle sont concourantes. (0/3)*

Question 2.19 *Qu'appelle-t-on ordre d'un élément d'un groupe multiplicatif G ? Proposez deux définitions équivalentes. (1,5/3)*

Question 2.20 *x est un élément d'ordre fini m d'un groupe multiplicatif $(G, .)$ dont le neutre est noté e. On sait que $x^s = e$ pour un certain entier s. Que peut-on dire de s ? (1/3)*

Question 2.21 *[Suite] Finalement $x^s = e$ équivaut à dire que m divise s. Pouvez-vous le démontrer ? (0/2)*

Préférez-vous que je vous pose des questions de géométrie, d'algèbre ou d'arithmétique pour la suite de l'interrogation ?
La candidate préfère de la géométrie...

Question 2.22 *Qu'est-ce qu'une projection vectorielle ? (2/3)*

Question 2.23 *Pouvez-vous définir ce qu'est une symétrie vectorielle, en faisant aussi un dessin ? Essayez cette fois-ci de donner une définition complète et précise... N'attendez pas que je complète ! (3/3)*

Question 2.24 *Déterminer le lieu de tous les points M du plan qui vérifient $MA/MB = 7$. (0/3)*

Note finale : 7,5/20.

Commentaires : Vous avez déjà gagné un 20/20 grâce aux strokes donnés en TD, ce qui remontera vos notes d'oral. Continuez à en gagner en TD. Faites aussi attention à bien revoir toutes ces questions dès que possible.

INTERROGATION n°3

La Question 2.24 posée précédemment a poussé l'une des étudiante à demander de passer au tableau. C'est accepté ! Les deux premières réponses sont alors données magistralement.

Question 2.25 *Déterminer le lieu de tous les points* M *du plan qui vérifient* $MA/MB = 7$. *(5/5)*

Question 2.26 *Montrer que les trois médiatrices d'un triangle sont concourantes. (4/4)*

Question 2.27 *Rappelez les deux définitions de la médiatrice d'un segment, et montrez qu'elles sont équivalentes. (1, 5/3)*

Question 2.28 *Soit* p *un nombre premier. Déterminer tous les groupes* G *à* p *éléments. [Ind. : pensez au Théorème de Lagrange...] [Je donne des pistes pour aider..., et à la fin, je rajoute : comment s'appelle un tel groupe* G *?] (2/3)*

Question 2.29 *Quand dit-on qu'un entier est premier ? (2/2)*

Question 2.30 *Enoncez et démontrez la réciproque du Théorème de Thalès ? (0/3)*

Note finale : 14, 5/20.

Commentaires : On fait une pose où je présente la réciproque du Théorème de Thalès au tableau en insistant sur le fait que cette réciproque se montre en utilisant le sens direct du Théorème. Discussion... La méthode, remarquable, est à savoir, et il faut aussi savoir que la réciproque du Théorème de Ménélaüs se montre en procédant de la même façon que pour la réciproque de Thalès.
On me demande de revenir sur la preuve du Théorème de Thalès dans le triangle donnée dans mes "Fondamentaux de géométrie" (Théorème 31) où j'avais déduit le Théorème de Thalès du caractère affine des projections. Cette preuve utilise un parallélogramme et le Théorème de Thalès "simple". Je fais le rapprochement avec la preuve du sens direct du Théorème de Ménélaüs qui utilise le Théorème de Thalès, et qui demande de tracer une parallèle, et de l'utiliser (voir [8], Th. 33).

INTERROGATION n°4

Question 2.31 *Définissez le pgcd de deux entiers a et b.* $(1,5/3)$

Question 2.32 *Pouvez-vous définir le pgcd de deux entiers en utilisant des idéaux ? Quoi : vous dites qu'il y a unicité de δ tel que $(a) + (b) = (\delta)$. En êtes-vous bien sûr ? Démontrez-la alors...* $(2/4)$

Question 2.33 *Quels sont les idéaux de $\mathbb{Z}$? Démontrez-le.* $(0/4)$

Question 2.34 *Donnez une définition précise d'une application affine.* $(3/3)$

Question 2.35 *Définissez ce qu'est une "affinité" ?* $(3/3)$

Question 2.36 *Définissez une homothétie comme on le ferait au lycée, puis démontrez qu'une telle homothétie est bien une application affine.* $(1,5/3)$

Note finale : 11/20.

Commentaires : La Question 2.32 révèle des difficultés à parler du pgcd, et l'on entend affirmer que δ est bien déterminé de façon unique, ce qui est faux. La traduction de l'égalité $(\delta) = (\delta')$ a été pratiquement impossible. Il faut donc revoir le chapitre de [9] sur le pgcd dans un anneau principal, et bien comprendre que l'inclusion $(a) \subset (b)$ équivaut à la divisibilité $b|a$. C'est essentiel pour pouvoir traduire des divisibilités par des inclusions, et donc pour traduire un problème d'arithmétique mettant en jeu des nombres entiers en un problème sur des idéaux. Enfin, la réponse à la dernière question a été longue et fastidieuse.

2.2.8 Analyse des résultats d'un partiel de type EPCC

Neuf étudiants motivés préparant le Master Education & Formation première année (parcours maths) ont passé ce partiel d'une durée de deux heures le 14 octobre 2010. On demandait de répondre à quatre questions choisies parmi toutes les questions traitées en TD depuis le début de l'année, soit depuis le 8 septembre.

On avait reposé ces quatre questions pendant une Interrogation Orale de Cours (IOC) quelques semaines après les avoir vues, ce qui explique la bonne réussite de l'épreuve. Mais on arrive à une moyenne globale de $13,1/20$, ce qui n'est pas le $17/20$ auquel on aurait pu s'attendre. Cela montre la difficulté à laquelle se heurte l'apprenant.

J'avais averti bien à l'avance que "plus de la moitié des questions qui seraient posées au partiel seraient extraites de questions déjà traitées en TD". En fait, toutes les questions posées l'ont été, mais les étudiants ne le savaient pas pendant leurs révisions.

Les questions posées restent difficiles et ne peuvent être maîtrisées par l'apprenant que s'il consent des efforts. Un exercice travaillé il y a deux mois s'oublie, et il faut lutter contre cet oubli en réinvestissant sur lui. L'oubli guette ! Notons au passage qu'il est facile de perdre des points sur un exercice quand la rédaction est insuffisante ou quand on affirmer des choses fausses par mégarde ou précipitation, par exemple :

a) Ecrire que la condition est "suffisante" alors qu'elle est "nécessaire",

b) Oublier une réciproque,

c) Ne pas vérifier une inclusion inverse,

d) Oublier de vérifier si l'application avec laquelle on désire travailler est correctement définie...

Dans une épreuve, la ré-utilisation d'exercices déjà travaillés en TD ou chez soi ne revient pas à aplanir toutes les difficultés, mais permet d'aider l'apprenant à se concentrer sur l'essentiel et ainsi à maîtriser les bases. A vrai dire, je crois que je suis devenu un parfait adepte du "Système d'Evaluation par Contrat de Confiance" (EPCC) défendu par André Antibi dans son livre "Les notes : la fin du cauchemar" [2]. Ce livre fait suite à un premier travail d'Antibi sur la "Constante macabre" [1] que tout pédagogue devrait avoir lu. Dans ces livres, j'ai retrouvé des sentiments que j'avais découverts tout seul dans mes classes sans les formuler de façon précise. Quelle joie !

Voici l'énoncé de l'épreuve :

> *Les documents ne sont pas autorisés. La calculatrice et les instruments de dessin sont autorisés. Le barème de correction tiendra compte de la qualité de la rédaction et de la lisibilité du document. Durée de l'épreuve : 2 heures.*

Question 2.37 *Soient F et G deux sous-espaces affines d'un espace affine E, F passant par A et de direction $\overrightarrow{F}$, G passant par B et de direction $\overrightarrow{G}$. Montrer que l'intersection $F \cap G$ n'est pas vide si et seulement si $\overrightarrow{AB} \in \overrightarrow{F} + \overrightarrow{G}$, et que, dans ce cas, $F \cap G$ est un sous-espace affine de direction $\overrightarrow{F} \cap \overrightarrow{G}$.*

Question 2.38 *Montrer que les bissectrices intérieures d'un triangle ABC concourent en un point I (appelé centre du cercle inscrit au triangle). Quelles sont les coordonnées barycentriques de I dans le repère affine (A, B, C) ? Que peut-on en déduire ? Pouvez-vous énoncer des résultats analogues concernant le concours d'une bissectrice intérieure et de deux bissectrices extérieures issues de sommets différents ?*

Question 2.39 *Si x est un élément d'ordre fini $\omega(x)$ d'un groupe G (noté multiplicativement) et si $t \in \mathbb{Z}$, montrer que :*

$$\omega\left(x^t\right) = \frac{\omega(x)}{\operatorname{pgcd}(t, \omega(x))}.$$

Question 2.40 *Soient $f : G \to G'$ un morphisme de groupes, et H, H' des sous-groupes distingués respectifs de G et G'. On suppose que $f(H) \subset H'$. Montrer qu'il existe un et un seul homomorphisme de groupes g qui rende le diagramme suivant commutatif :*

$$\begin{array}{ccc} G & \xrightarrow{f} & G' \\ \downarrow \pi & & \downarrow \pi' \\ G/H & \xrightarrow{g} & G'/H' \end{array}$$

(où π et π' désignent des projections canoniques). Si f est surjectif, montrer que g est aussi surjectif. Que peut-on dire de plus dans le cas particulier où $H = f^{-1}(H')$?

Voyons ci-dessous les notes obtenues sur ces quatre énoncés supposés être parfaitement connus des étudiants :

Question n°	2.37	2.38	2.39	2.40	Note obtenue
Candidat n°1	5	5	5	5	20
Candidat n°2	5	5	5	1	16
Candidat n°3	4	5	5	1	15
Candidat n°4	3,5	3	4	3	13,5
Candidat n°5	3	5	5	0	13
Candidat n°6	4	4,5	2	1,5	12
Candidat n°7	5	0	3,5	3	11,5
Candidat n°8	2	3,5	5	0	10,5
Candidat n°9	3	2	0	1	6
Moyenne					13,1

2.3 Exemples de Questions/Réponses

Cette Section regroupe quelques exemples de thèmes propices à la création de questions-réponses sur les fondamentaux.

2.3.1 Acquérir de bons réflexes

Travailler sur des éléments de connaissances permet d'acquérir des réflexes. Les deux exemples suivants montrent comment la définition de l'ordre d'un élément d'un groupe (qui est elle-même un EC à savoir) suffit pour répondre à certaines questions.

Acquérir des réflexes, savoir débuter une recherche

Question 2.41 *Si x est un élément d'ordre fini $\omega(x)$ d'un groupe G (noté multiplicativement) et si $t \in \mathbb{Z}$, montrer que :*

$$\omega\left(x^t\right) = \frac{\omega(x)}{\text{pgcd}(t, \omega(x))}.$$

L'idée est de déterminer l'ensemble des $k \in \mathbb{N}^*$ tels que $(x^t)^k = e$. Il est donc normal de commencer par traduire cette égalité autant qu'on le peut :

$$(x^t)^k = e \;\Leftrightarrow\; x^{tk} = e \;\Leftrightarrow\; \omega(x) \mid tk.$$

Là, on est bloqué ! "Lever" ce blocage est classique mais doit être appris (sur des exemples simples *pour développer des réflexes*).

Utiliser ses connaissances au bon moment...

Il est naturel de poser $\delta = \text{pgcd}(t, \omega(x))$ pour utiliser le Théorème de Gauss. En notant $\omega(x) = \delta\omega'$ et $t = \delta t'$, on obtient alors :

$$(x^t)^k = e \;\Leftrightarrow\; \omega(x) \mid tk \;\Leftrightarrow\; \delta\omega' \mid \delta t'k \;\Leftrightarrow\; \omega' \mid t'k \;\Leftrightarrow\; \omega' \mid k.$$

Le plus petit entier strictement positif k tel que $(x^t)^k = e$ est donc le quotient :

$$\omega' = \frac{\omega(x)}{\delta} = \frac{\omega(x)}{\text{pgcd}(t, \omega(x))}.$$

Ce nombre ω' est, par définition, l'ordre de l'élément x^t. Un tel raisonnement n'est pas immédiatement perçu comme naturel par les étudiants, mais cela change vite après un peu d'entraînement. ■

Un autre exemple où affûter ses armes :

Question 2.42 *Soient b_1, b_2 deux éléments d'ordres finis d'un groupe commutatif H noté multiplicativement. On note $\omega(x)$ l'ordre d'un élément x de H. Montrer l'implication :*

$$\text{pgcd}(\omega(b_1), \omega(b_2)) = 1 \;\Rightarrow\; \omega(b_1 b_2) = \omega(b_1)\,\omega(b_2).$$

On doit chercher les entiers n tels que $(b_1b_2)^n = e$. On obtient :

$$(b_1b_2)^n = e \Leftrightarrow b_1^n = b_2^{-n},$$

puis on doit penser à utiliser ce qu'on sait sur l'ordre d'un élément d'un groupe...
Ici $b_1^n = b_2^{-n} = z$, donc z appartient à la fois à $<b_1>$ et à $<b_2>$.
L'ordre de z divisera les ordres $\omega(b_1)$ et $\omega(b_2)$ de ces deux groupes. Comme $\text{pgcd}(\omega(b_1), \omega(b_2)) = 1$, on aura $\omega(z) = 1$, donc $z = e$.
On peut donc écrire :

$$(b_1b_2)^n = e \Leftrightarrow b_1^n = b_2^n = e.$$

Dès cet instant, on a gagné **SI** l'on applique ce que l'on sait sur l'ordre d'un élément ! L'utilisation des connaissances du cours, révisées dans le cadre de "questions sur les fondamentaux", reste primordiale.
On peut maintenant écrire :

$$\begin{aligned}(b_1b_2)^n = e &\Leftrightarrow b_1^n = b_2^n = e \\ &\Leftrightarrow \omega(b_1) \mid n \text{ et } \omega(b_2) \mid n \\ &\Leftrightarrow \text{ppcm}(\omega(b_1), \omega(b_2)) \mid n \\ &\Leftrightarrow \omega(b_1)\,\omega(b_2) \mid n,\end{aligned}$$

donc $(b_1b_2)^n = e$ si et seulement si $\omega(b_1)\,\omega(b_2)$ divise n. Cela montre que b_1b_2 est d'ordre fini, et que le plus petit entier n tel que $(b_1b_2)^n = e$ est le produit $\omega(b_1)\,\omega(b_2)$, autrement dit que $\omega(b_1b_2) = \omega(b_1)\,\omega(b_2)$. ■

Et l'implication réciproque ?

L'implication de la Question 2.42 est une équivalence.
Demander de démontrer l'implication réciproque est un approfondissement qui ne fait pas vraiment partie des fondamentaux à connaître, mais qui permet de répondre à une éventuelle demande du jury d'oral.
Supposons que $\omega(b_1b_2) = \omega(b_1)\,\omega(b_2)$, et notons $\delta = \text{pgcd}(\omega(b_1), \omega(b_2))$. Il existe deux entiers u et v tels que $\omega(b_1) = \delta u$ et $\omega(b_2) = \delta v$. Le produit δuv est un multiple de $\omega(b_1)$ et de $\omega(b_2)$, donc $(b_1b_2)^{\delta uv} = {b_1}^{\delta uv}{b_2}^{\delta uv} = e$.
Mais ce que l'on sait de l'ordre d'un élément montre que l'ordre $\omega(b_1b_2)$ de b_1b_2 doit diviser δuv, autrement dit que $\omega(b_1) \times \omega(b_2) = \delta^2 uv$ divise δuv. Cela implique que $\delta = \pm 1$.

2.3.2 Cas d'égalité des triangles

► Les trois premiers dessins de la FIG. 2.1 symbolisent les cas d'isométrie des triangles que l'on rencontre dans le volume I des "Eléments" d'Euclide. Il s'agit de la :

- proposition 8 pour le premier cas d'égalité (trois côtés égaux),
- proposition 4 pour le second cas d'égalité (un angle entre deux côtés),
- proposition 26 pour le troisième cas (un côté entre deux angles).

Il faut savoir énoncer et démontrer ces trois cas d'isométrie des triangles.

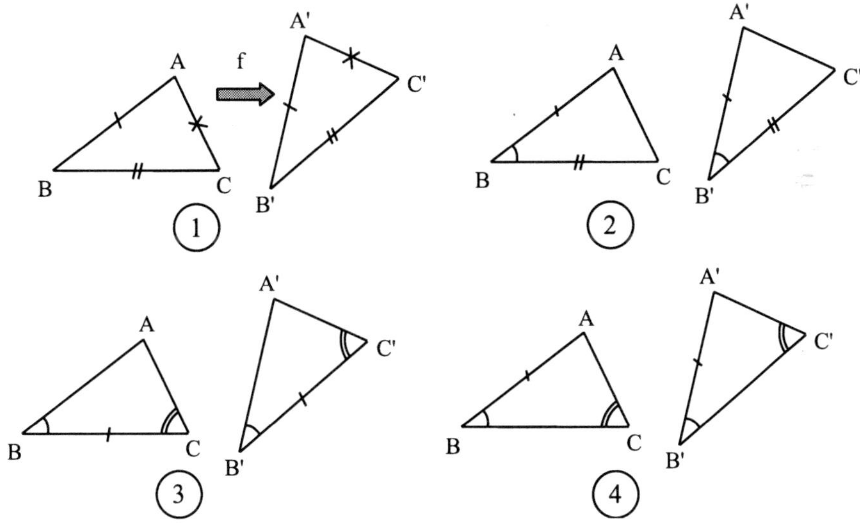

FIG. 2.1 – Cas d'égalité des triangles

► Le troisième cas peut être énoncé sous une forme plus générale où l'on s'intéresse encore une fois à deux angles, mais à un côté cette fois-ci situé n'importe comment par rapport à ces deux angles. Ce cas est symbolisé par la FIG. 2.2. La preuve est évidente si l'on utilise le troisième cas de similitude des triangles.

► L'axiomatique d'Euclide n'est pas parfaite. Elle a été complétée et améliorée par Hilbert à la fin du XIXe siècle (dans son livre "Les fondements de la géométrie" [5], paru en 1899), si bien que l'on parle plutôt aujourd'hui de l'axiomatique d'Euclide-Hilbert.

► Une des critiques les plus graves faites à l'axiomatique d'Euclide est son manque de rigueur dû à certaines démonstrations qui ne sont pas basées sur des axiomes mais sur des notions trop intuitives comme la "superposition".

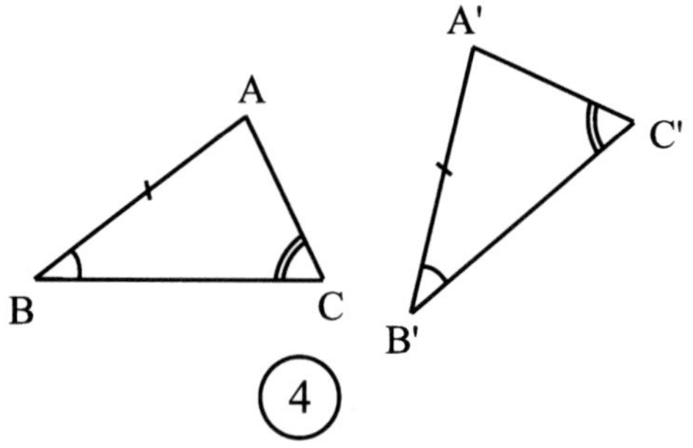

FIG. 2.2 – Troisième cas d'égalité dopé

Ainsi "l'égalité des triangles" est-elle annoncée comme le fait pour deux triangles d'avoir des côtés de mêmes longueurs et des angles égaux, bref d'être "superposables". Cela induit une idée de mouvement qui n'est pas défini dans les "Eléments". Ce qui manque à Euclide, ce sont les isométries planes (qui permettent de définir la "congruence" de deux figures) et le vocabulaire des transformations.

► La question suivante mérite d'être posée :

> Deux triangles possédant trois éléments égaux (des côtés ou des angles) sont-ils nécessairement isométriques ?

Si oui, on se demande bien pourquoi insister, dans le second cas d'égalité, pour que l'angle soit situé entre les côtés à comparer. Par contre on a déjà vu que le 3e cas d'égalité reste valide quel que soit la position relative des deux angles et du côté.
Est-il utile de réfléchir sur ces notions de base pour préparer un concours ?

► Donnons deux contre-exemples. Les triangles ACB et ACD dessinés sur la FIG. 2.3 ont trois éléments égaux (deux côtés et un angle) mais ne sont pas isométriques.
Toujours sur la FIG. 2.3, choisir un point M quelconque sur la base $[VW]$ d'un triangle isocèle UVW (distinct de V et W) permet de construire deux triangles UVM et UWM qui possèdent trois éléments égaux (deux côtés et un angle). Si ces triangles étaient isométriques, M serait le milieu de $[VW]$, ce qui est absurde[10].

► Il existe un quatrième cas d'isométrie des triangles, moins connu :

[10] Cela montrerait que tous les points du segment $[VW]$ sont des milieux de ce segment !

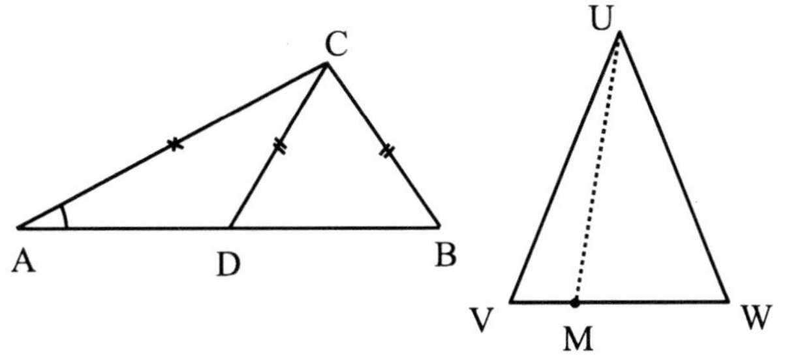

FIG. 2.3 – Deux contre-exemples faciles à retenir !

"Deux triangles sont isométriques si et seulement si deux côtés respectifs de ces triangles sont égaux et si l'angle opposé au plus long des côtés est le même dans les deux triangles".

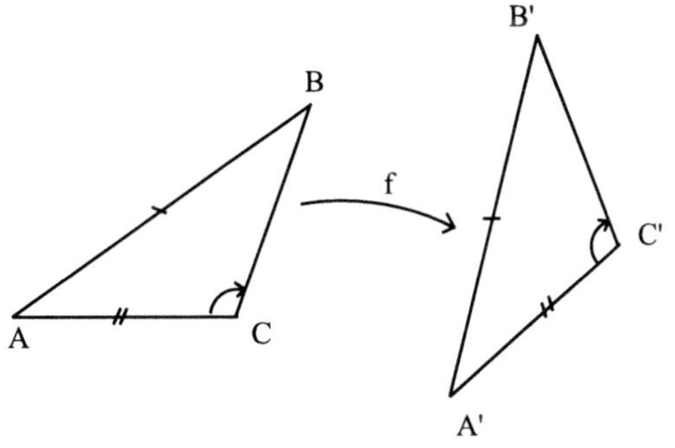

FIG. 2.4 – La quatrième cas d'égalité des triangles

La preuve utilise le résultat suivant (qui se montre en utilisant la puissance d'un point par rapport à un cercle) : si $A'C' \leq A'B'$, la demi-droite $]C'B')$ coupe le cercle de centre A' et de rayon $A'B'$ en un seul point qui est B' (voir Question 2.62 en Annexe).

▶ Le premier cas d'égalité se généralise en dimension n, et la preuve de ce résultat de cours est l'occasion de travailler utilement avec des isométries. Nous obtenons deux Théorèmes qui sont à savoir, à utiliser, et qui constituent des bons "Eléments de Connaissance" à posséder. Les voici :

Théorème 1 {[7], Th. 206} Soit $(A_0, A_1, ..., A_n)$ un repère affine de E. On considère une liste $(B_0, B_1, ..., B_n)$ de $n+1$ points de E tels que $B_iB_j = A_iA_j$ pour tous i, j. Il existe une et une seule isométrie transformant A_0, A_1, ..., A_n

en B_0, B_1, ..., B_n. De plus $(B_0, B_1, ..., B_n)$ sera un repère affine de E.

Avec un point de moins, on trouve deux isométries :

Théorème 2 {[7], Th. 207} Soit $(A_0, A_1, ..., A_{n-1})$ un système affinement libre d'un espace affine euclidien E de dimension n, et soit $(B_0, B_1, ..., B_{n-1})$ une liste de n points de E tels que $B_iB_j = A_iA_j$ pour tous i, j. Il existe un et un seul déplacement (resp. antidéplacement) qui transforme A_0, A_1, ..., A_{n-1} respectivement en B_0, B_1, ..., B_{n-1}.

► Il existe une généralisation importante du premier cas d'égalité. Elle fait partie des fondamentaux à connaître, puisqu'elle permet de simplifier la recherche des isométries qui transforment un solide en un solide "du même type", par exemple un cube en un cube, ou un octaèdre en un octaèdre.

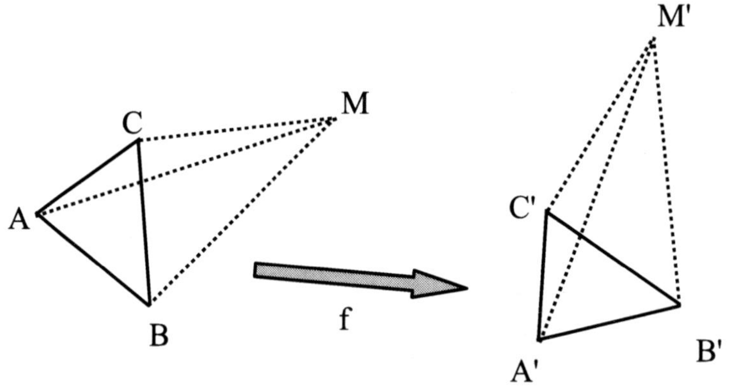

FIG. 2.5 – Isométries envoyant A, B, C, M sur A', B', C', M'

Dans le plan, on peut énoncer :

Théorème 3 Soit $m \in \mathbb{N}^*$. Dans un plan, si l'on se donne m points A_i et m points B_i tels que $B_iB_j = A_iA_j$ pour tous i, j, alors il existe une isométrie amenant les A_i sur les B_i. Cette isométrie est unique si trois des points A_i ne sont pas alignés.

Preuve : On envisage plusieurs cas.

α) Si $m \geq 3$ et si trois des points A_i ne sont pas alignés, on les note A, B et C. Sur la FIG. 2.5, on a représenté les points A, B et C ainsi qu'un autre point M de la famille $\{A_i\}_{1 \leq i \leq m}$, distinct de ces trois points. M' est le point qui lui correspond, c'est-à-dire tel que $MA = M'A'$, $MB = M'B'$ et $MC = M'C'$.

On sait qu'il existe une unique isométrie f qui envoie les points A, B et C sur A', B' et C' (Théorème 1). Si cette isométrie n'envoyait pas M sur M', les points $f(M)$ et M' seraient différents. Comme f conserve les distances, on aurait :

$$\begin{cases} M'A' = MA = f(M)\,A' \\ M'B' = MB = f(M)\,B' \\ M'C' = MC = f(M)\,C' \end{cases}$$

et le lemme suivant permet de conclure à $f(M) = M'$:

Lemme : Un point M d'un espace affine euclidien est parfaitement déterminé par sa distance à chacun des points d'une base affine de l'espace.

Preuve du Lemme : Raisonnons dans le cas où l'espace affine est un plan. Soit (A, B, C) un repère affine de ce plan. Supposons que M et N soient deux points distincts du plan tels que $MA = NA$, $MB = NB$, $MC = NC$. Alors A, B et C sont sur la médiatrice de $[MN]$, ce qui est impossible puisque les points A, B et C ne sont pas alignés. ■

β) Si $m \geq 3$ et si tous les points A_i sont alignés, il en est de même des points B_i (on le vérifie en utilisant la caractérisation métrique d'un segment). Si tous les points A_i sont confondus entre eux, il en est de même des B_i, et le Théorème est évident. S'il existe deux points distincts A et B dans la famille $\{A_i\}_{1\leq i\leq m}$, on note A' et B' les points correspondants dans la famille $\{B_i\}_{1\leq i\leq m}$, et f l'unique déplacement qui transforme A, B en A', B' (Théorème 2). On montre alors que f transforme bien les A_i en B_i en raisonnant comme dans le cas α), mais en utilisant des espaces de dimensions 1 au lieu de travailler dans un espace de dimension 2.

γ) Si $m < 3$, les Théorèmes 1 et 3 suffisent pour conclure. ■

2.3.3 Qu'est-ce qu'un angle ?

Cette question difficile est pourtant très facile à poser à l'oral d'un concours à l'occasion de n'importe quel exposé de géométrie ! Faisons brièvement le point.

A. Répondre comme au collège ou au lycée

De nombreuses réponses peuvent être données en restant au niveau des classes du secondaire, mais dans ce cas les définitions proposées sont bancales et incomplètes. Elles restent trop tributaires de l'intuition graphique. Il ne s'agit donc pas de définitions rigoureuses.

A ce niveau d'enseignement, on décide de se cantonner à une perception intuitive fondée sur des dessins de demi-droites de mêmes origines, sur l'usage encouragé du rapporteur, et sur des constructions géométriques simples comme le report d'un "angle" à la règle et au compas, ou la construction de triangles aux caractéristiques imposées.

Ces approches enrichissent l'intuition et suffisent pour travailler avec ces objets dès le plus jeune âge. Elles suffisent pour la culture mathématique générale du citoyen lambda.

Mais cette vision n'est ni complète, ni rigoureuse. Pour la justifier, il n'y a pas d'autre solution que de "faire des paquets", autrement dit d'utiliser des relations d'équivalence.

Au lycée, on définit la mesure d'un angle en radians en "enroulant une droite autour d'un cercle trigonométrique", donc en introduisant une abscisse curviligne d'un point sur ce cercle. Cela ne peut se faire qu'en admettant qu'un tel "enroulement" existe et donne les mêmes mesures quel que soit l'endroit où l'on décide de construire son cercle trigonométrique. Par ailleurs le "sens" de l'enroulement est définit de façon abusive : on fait appel à l'intuition pour orienter le plan en tournant comme ceci ou comme cela.

Au niveau du concept, un angle est une classe d'équivalence d'un couples de demi-droites de même origine pour une relation d'équivalence $\mathcal{R}$ définie dans l'ensemble des couples de demi-droites de même origine, telle que deux couples de demi-droites sont en relation si et seulement si ils définissent le "même écart". Il s'agit ensuite de savoir comment comparer ces "écarts" de façon rigoureuse.

On peut par exemple dire que deux couples de demi-droites de même origine (d_1, d_2) et (d_3, d_4) sont en relation si, au choix :

- un rapporteur donne la même mesure en degrés de l'écart de (d_1, d_2) et de celui de (d_3, d_4) ;

- du papier calque permet de transporter le dessin (d_1, d_2) sur celui de (d_3, d_4) ;

- il existe une isométrie f du plan qui transforme d_1 en d_3 et d_2 en d_4 ;

- l'abscisse curviligne du point d'un cercle trigonométrique défini pour le couple (d_1, d_2) est la même que celle du point associé au couple (d_3, d_4) à 2π près (cette approche est justifiée par la définition du radian donné au lycée).

Ces réponses peuvent suffire à l'oral, mais rien n'empêche le jury de vérifier que le candidat maîtrise parfaitement cette notion d'angle en lui demandant explicitement de proposer une définition plus rigoureuse. Un professeur, spécialiste de sa discipline, sera l'unique référent scientifique pour les milliers d'élèves dont il aura la responsabilité pendant sa carrière, et sa perception des objets mathématiques de base doit être parfaite et beaucoup plus précise que la perception qu'il en donnera à ses élèves, à un niveau donné des apprentissages.

B. Deux points importants

Pour répondre à la question "Qu'est-ce qu'un angle ?", il faut commencer par bien prendre conscience :

- que *la notion d'angle est une notion vectorielle*[11] ;

- qu'*il existe plusieurs sortes d'angles.* On pense aux angles orientés et aux angles non orientés (encore appelés "angles géométriques), mais aussi aux angles de demi-droites[12] et aux angles de droites. On peut aussi penser à d'autres types d'angles, comme des angles de dièdres[13], même si ceux-ci peuvent être envisagés comme des "sous-produits" des variétés d'angles dont on a déjà parlé.

ANGLES	**de demi-droites**	**de droites**
orienté	mesurés modulo 2π	mesurés modulo 2π
non orienté[14]	mesurés dans $[0, \pi]$	mesurés dans $[0, \pi/2]$

C. Angles orientés de demi-droites (ou de vecteurs)

► Plaçons-nous dans un plan vectoriel euclidien E. La réponse la plus simple à donner au jury est de dire que :

Un angle est une rotation.

Evidemment, il faut être capable d'expliquer ce que cela veut dire, et dans ce cas il devient inévitable d'introduire des relations d'équivalence, puisqu'un angle est fondamentalement une classe d'équivalence.

De façon plus colorée, on peut dire qu'un angle est un "paquet" de demi-droites vectorielles qui ont le même écart entre elles, et que cette écart est mesuré par une rotation.

► Pour justifier qu'un angle est une rotation, il faut définir l'ensemble $\mathcal{A}$ des angles orientés de demi-droites, puis montrer qu'il s'agit d'un groupe isomorphe au groupe $\mathrm{SO}(E)$ des rotations vectorielles de E.

L'ensemble $\mathcal{A}$ des angles orientés de demi-droites est égal à l'ensemble-quotient $\mathcal{D}_d \times \mathcal{D}_d \,/\, \mathcal{R}$ où $\mathcal{D}_d \times \mathcal{D}_d$ est l'ensemble des couples de demi-droites vectorielles

[11] Autrement dit elle fait intervenir des vecteurs non nuls, ou des demi-droites vectorielles, ou encore des droites vectorielles.

[12] Un angle de demi-droite n'est autre qu'un angle de vecteurs, puisqu'un vecteur non nul correspond bijectivement à une demi-droite vectorielle.

[13] Un dièdre est une figure formée par deux plans qui se coupent.

[14] encore appelés "angles géométriques".

de E, et où $\mathcal{R}$ est la relation d'équivalence définie par :

$$(d_1, d_2)\ \mathcal{R}\ (d_3, d_4) \Leftrightarrow \exists r \in \mathrm{SO}(E) \quad \begin{cases} r(d_1) = d_2 \\ r(d_3) = d_4. \end{cases} \qquad (1)$$

Autrement dit :

$$\mathcal{A} = \mathcal{D}_d \times \mathcal{D}_d \,/\, \mathcal{R}.$$

La classe d'équivalence du couple (d_1, d_2) est notée $\widehat{d_1, d_2}$ (ou bien $\widehat{\vec{u}_1, \vec{u}_2}$ si $\vec{u}_i$ désigne un vecteur directeur de d_i). C'est un angle.

L'isomorphisme entre $\mathrm{SO}(E)$ et $\mathcal{A}$ est l'application :

$$\begin{array}{rccc} \xi : & \mathrm{SO}(E) & \to & \mathcal{A} \\ & r & \mapsto & \widehat{d, r(d)}. \end{array}$$

On vérifie que ξ est une bijection de $\mathrm{SO}(E)$ sur $\mathcal{A}$, et c'est cette bijection qui nous permet de transporter la structure de groupe de $(\mathrm{SO}(E), \circ)$ sur $\mathcal{A}$ en posant :

$$\forall a, b \in A \qquad a + b = \xi\left(\xi^{-1}(a) \circ \xi^{-1}(b)\right). \quad (*)$$

L'isomorphisme ξ permet d'identifier $\mathrm{SO}(E)$ et $\mathcal{A}$ et d'affirmer de façon péremptoire qu'un angle est une rotation. Si l'on ne veut pas aller jusque là, on peut seulement se contenter de dire que $\xi(r)$ est l'angle de la rotation r.

► Vérifions que $\xi : \mathrm{SO}(E) \to \mathcal{A}$ est un isomorphisme de groupe. ξ est bien définie car si r est une rotation, $\widehat{d, r(d)} = \widehat{d', r(d')}$ quelles que soient les demi-droites d et d'.

L'application ξ est bijective car :

$$\begin{aligned} \xi(r) = \widehat{d, d'} &\Leftrightarrow \widehat{d, r(d)} = \widehat{d, d'} \\ &\Leftrightarrow \exists \rho \in \mathrm{SO}(E) \quad \rho(d) = r(d) = d' \\ &\Leftrightarrow r(d) = d', \end{aligned}$$

et que l'on sait qu'il existe une unique rotation transformant d en d'.

D. Mesure d'un angle orienté de demi-droites

► A-t-on besoin d'orienter le plan pour définir des angles orientés de demi-droites ? La réponse est non. Par contre il est nécessaire d'orienter le plan pour pouvoir définir des mesures de ces angles. Ces questions peuvent être posées à l'oral et sont donc à travailler durant sa préparation.

► On sait qu'une rotation vectorielle de E admet une matrice de la forme :

$$R_\theta = \begin{pmatrix} \cos\theta & -\sin\theta \\ \sin\theta & \cos\theta \end{pmatrix}$$

dans n'importe quelle base orthonormale du plan. On sait aussi orienter le plan vectoriel. On dispose aussi du théorème très important suivant :

Théorème 2.1 *Soit r une rotation de matrice R_θ dans une base orthonormale e du plan E. Soit e' une autre base orthonormale.*
1) Si e et e' ont même orientation, alors $\mathrm{Mat}\,(r; e') = R_\theta$,
2) Si e et e' sont d'orientations contraires, alors $\mathrm{Mat}\,(r; e') = R_{-\theta}$.

Preuve : De façon générale, notons $\mathrm{Mat}\,(f; e)$ la matrice d'un endomorphisme f dans une base e.

1) La matrice de passage $P_e^{e'}$ de la base e vers la base e' est un matrice de rotation. Notons-là $P_e^{e'} = R_\alpha$. On aura $\mathrm{Mat}\,(r; e') = R_\alpha^{-1} R_\theta R_\alpha = R_\theta$ puisque le groupe $\mathrm{SO}\,(2)$ est commutatif.

2) Ici $P_e^{e'} = S_\alpha$, et $\mathrm{Mat}\,(r; e') = S_\alpha^{-1} R_\theta S_\alpha = S_\alpha R_\theta S_\alpha = (S_\alpha R_\theta)^2 R_\theta^{-1} = R_{-\theta}$ puisque $S_\alpha R_\theta$ est la matrice d'une réflexion, et puisque $R_\theta^{-1} = R_{-\theta}$. ■

A partir de là, si le plan est orienté, une mesure de l'angle $\widehat{d, d'}$ est un réel θ (défini modulo 2π) tel que la matrice de la rotation r qui transforme d en d' s'écrive R_θ dans une base orthonormale <u>directe</u> du plan.
Le Théorème 2.1 montre que si l'on oriente le plan E d'une autre façon, on transforme la mesure θ d'un angle en son opposé.

E. Angles géométriques

► Notons toujours $\mathcal{D}_d$ l'ensemble des demi-droites d'un plan vectoriel E. Notons $\mathrm{O}(E)$ le groupe des applications orthogonales de E. Un angle géométrique (on dit aussi "non orienté") de deux demi-droites est une classe d'équivalence de $\mathcal{D}_d \times \mathcal{D}_d$ pour la relation d'équivalence :

$$(d_1, d_2)\ \mathcal{R}_g\ (d_3, d_4) \ \Leftrightarrow\ \exists \rho \in \mathrm{O}(E) \quad \begin{cases} \rho\,(d_1) = d_3 \\ \rho\,(d_2) = d_4. \end{cases}$$

On peut noter $\mathcal{A}_g = \mathcal{D}_d \times \mathcal{D}_d / \mathcal{R}_g$ l'ensemble des angles géométriques de demi-droites, et $\widehat{d_1, d_2}$ la classe d'équivalence de (d_1, d_2) suivant la relation $\mathcal{R}_g$.
$\widehat{d_1, d_2}$ est l'angle géométrique formé par les deux droites d_1 et d_2.
Si x_1 et x_2 sont deux vecteurs non nuls de E, l'angle géométrique $\widehat{x_1, x_2}$ formé par ces deux vecteurs est l'angle géométrique $\widehat{d_1, d_2}$ où $d_i = \mathbb{R}_+ x_i$ $(1 \leq i \leq 2)$.

► L'ordre dans lequel on place les demi-droites n'est pas important car maintenant $\widehat{d_1, d_2} = \widehat{d_2, d_1}$ quelles que soient les demi-droites d_1 et d_2. En effet la réflexion s par rapport à la bissectrice du couple (d_1, d_2) vérifie $s(d_1) = d_2$ et $s(d_2) = d_1$.

► L'orbite $\mathcal{O}^g_{(d_1,d_2)}$ du couple (d_1, d_2) sous l'action de $\mathrm{O}(E)$ est par définition l'ensemble :

$$\mathcal{O}^g_{(d_1,d_2)} = \{\rho(d_1, d_2) \ / \ \rho \in \mathrm{O}(E)\}.$$

On peut donc dire qu'un angle géométrique de demi-droites est une orbite d'un couple de demi-droites sous l'action du groupe orthogonal $\mathrm{O}(E)$.

► On a déjà rencontré en (1) la relation d'équivalence $\mathcal{R}$ qui permet de définir l'ensemble $\mathcal{A} = \mathcal{D}_d \times \mathcal{D}_d / \mathcal{R}$ des angles orientés de demi-droites. On vérifie facilement que cette relation $\mathcal{R}$ peut être définie en posant[15] :

$$(d_1, d_2) \ \mathcal{R} \ (d_3, d_4) \ \Leftrightarrow \ \exists r \in \mathrm{SO}(E) \quad \begin{cases} r(d_1) = d_3 \\ r(d_2) = d_4. \end{cases}$$

Cela permet de dire qu'un angle orienté de demi-droites est une orbite d'un couple de demi-droites sous l'action du groupe spécial orthogonal $\mathrm{SO}(E)$.

► *Mise en garde* : On peut être tenté de définir différemment la relation $\mathcal{R}_g$ en suivant l'exemple de ce qui se passe avec les angles orientés. Ce n'est pas possible et constitue une question-piège qui pourrait être posée sur la définition des angles géométriques. La voici[16] :

Question 2.43 *Soit $\mathcal{D}_d$ l'ensemble des demi-droites du plan vectoriel euclidien E. La relation $\mathcal{R}'$ définie dans $\mathcal{D}_d \times \mathcal{D}_d$ en posant :*

$$(d_1, d_2) \ \mathcal{R}' \ (d_3, d_4) \ \Leftrightarrow \ \exists \rho \in \mathrm{O}(\overrightarrow{E}) \quad \begin{cases} \rho(d_1) = d_2 \\ \rho(d_3) = d_4 \end{cases}$$

est-elle une relation d'équivalence ?

Réponse : La relation $\mathcal{R}'$ n'est pas une relation d'équivalence sur le produit cartésien $\mathcal{D}_d \times \mathcal{D}_d$. Elle est réflexive et symétrique, mais elle n'est pas transitive, comme le montre le contre-exemple suivant.
On considère les couples de demi-droites (d_1, d_2) et (d_3, d_4) de la FIG. 2.6, tels que $d_1 \neq d_3$ et pour lesquels il existe une rotation r vérifiant $r(d_1) = d_2$ et $r(d_3) = d_4$. Alors :

$$\begin{cases} (d_1, d_2) \ \mathcal{R}' \ (d_3, d_4) \\ (d_3, d_4) \ \mathcal{R}' \ (d_4, d_3) \end{cases} \quad \text{et pourtant } (d_1, d_2) \ \not{\mathcal{R}}' \ (d_4, d_3).$$

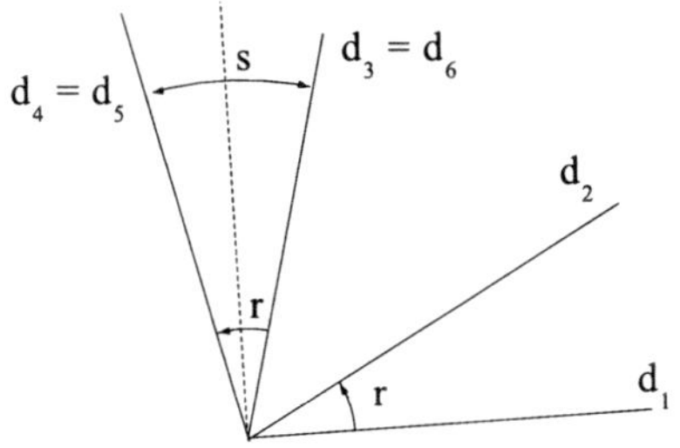

FIG. 2.6 – Contre-exemple

En effet :

- $(d_1, d_2)\ \mathcal{R}'\ (d_3, d_4)$ puisque $r(d_1) = d_2$ et $r(d_3) = d_4$.
- $(d_3, d_4)\ \mathcal{R}'\ (d_4, d_3)$ puisqu'une réflexion échange d_3 et d_4.
- $(d_1, d_2)\ \not{\mathcal{R}}'\ (d_4, d_3)$ puisque la rotation r qui vérifie déjà $r(d_1) = d_2$ et $r(d_3) = d_4$, ne peut vérifier aussi $r(d_4) = d_3$ (sauf si $r^2 = Id$, ce qu'on ne choisira pas), et qu'il n'existe pas de réflexion s telle que $s(d_1) = d_2$ et $s(d_4) = d_3$ à partir du moment où l'on s'arrange pour que les bissectrices des couples de demi-droites (d_1, d_2) et (d_4, d_3) soient distinctes, comme sur le dessin. ■

2.3.4 Sacré Thalès

Le Théorème de Thalès doit être parfaitement connu d'un candidat. Celui-ci doit savoir énoncer et démontrer ce Théorème, énoncer et démontrer sa réciproque, et avoir suffisamment de recul pour répondre à des questions périphériques.

Le candidat peut énoncer le Théorème de Thalès sans utiliser de mesures algébriques, comme en collège, mais il doit alors penser à positionner les points les uns par rapport aux autres, et surtout ne pas l'oublier dans la réciproque. Si le candidat choisit cette option, le jury pourra lui demander s'il ne connaît pas de façon de simplifier l'énoncé, ce qui revient à lui demander d'utiliser des mesures algébriques.

A l'opposé, le candidat peut décider d'utiliser des mesures algébriques, et dans ce cas le jury pourra lui demander de définir ce qu'est une mesure algébrique, puis d'indiquer comment un professeur de collège doit énoncer ces

[15] Cela constitue un exercice de cours ou une question d'oral !

[16] Cette question pourra être retenue dans un volume de questions-réponses sur les fondamentaux.

Théorèmes, là où les programmes interdisent de parler de mesures algébriques.

Un candidat bien préparé doit s'attendre à ce type de questions. Il doit savoir :

- énoncer et démontrer le Théorème de Thalès et sa réciproque (sous plusieurs versions : dans le triangle ou dans la configuration de deux sécantes et trois parallèles),
- énoncer ces Théorèmes avec des mesures algébriques,
- définir ce que l'on entend par "mesure algébrique d'un bipoint",
- expliquer comment énoncer Thalès et sa réciproque en collège.

Toutes ces questions font partie des fondamentaux à travailler. On trouvera ci-dessous quelques questions extraites de [11] qui font partie des fondamentaux à connaître jusqu'au bout des ongles :

Question 2.44 *On s'intéresse à la définition de la mesure algébrique d'un bipoint* (A, B). *C'est une quantité que l'on note* $\overline{AB}$.

a) Définissez le symbole $\overline{AB}$ *dans une espace affine.*

b) Définissez le symbole $\overline{AB}$ *en fonction de la distance* AB *(lorsqu'on se place dans un espace affine euclidien).*

c) Connaissez-vous une troisième façon de définir une mesure algébrique ?

Question 2.45 *Le Théorème de Thalès est-il un résultat affine ou euclidien ?*

Question 2.46 *Dessinez quelques figures-clés rencontrées dans le secondaire concernant le Théorème de Thalès.*

Question 2.47 *Enoncez et démontrez une version du Théorème de Thalès dans l'espace. [Facultatif : peut-on donner une réciproque ?]*

Question 2.48 *Dans quelles classes du secondaire étudie-t-on le Théorème de Thalès ? Et sa réciproque ? Sous quelles formes ?*

Question 2.49 *A quoi sert le Théorème de Thalès ?*

Question 2.50 *(Oral du CAPES externe 2006) Qu'est-ce qu'une application affine ? Quel rapport y-a-t-il entre le Théorème de Thalès et les applications affines ? Preuve.*

Question 2.51 *Connaissez-vous une preuve du Théorème de Thalès utilisant la densité de* $\mathbb{Q}$ *dans* $\mathbb{R}$ *?*

Question 2.52 *(Oral du CAPES externe 2005) Proposez une démonstration du Théorème de Thalès qui utilise des aires.*

2.3.5 Démonstration par récurrence

A. Les deux premières questions fondamentales

Il y a longtemps, il existait une leçon d'oral au CAPES qui portait uniquement sur le raisonnement pas récurrence. A la session 1976, cette leçon était intitulée "Raisonnement par récurrence. Exemples.".
Cette leçon a été ensuite supprimée, et la construction de $\mathbb{N}$ ne jouait un rôle important que dans une leçon intitulée "Division euclidienne dans $\mathbb{Z}$, unicité du quotient et du reste. Applications.".
A la session 2006, on a vu réapparaître une leçon sur la construction de $\mathbb{N}$ et celle de $\mathbb{Z}$ au côté de la leçon habituelle sur la division euclidienne. Voici les libellés de ces leçons aux sessions 2009 et 2010 :

> *Leçon n° 9* : Propriétés axiomatiques de $\mathbb{N}$. Construction de $\mathbb{Z}$.
>
> *Leçon n° 10* : Division euclidienne dans $\mathbb{Z}$, unicité du quotient et du reste. Applications. L'exposé pourra être illustré par un ou des exemples faisant appel à l'utilisation d'une calculatrice.

De façon assez paradoxale, les leçons sur $\mathbb{N}$, sur la construction de $\mathbb{Z}$ et sur la division euclidienne ont toutes disparues de la liste des leçons d'oral 1 du nouveau CAPES 2011. On peut cependant noter la présence d'une leçon intitulée "Les différents types de raisonnements en mathématiques" qui amènera très naturellement à parler des démonstrations par récurrence. Le jury aura donc encore l'occasion de poser les deux questions suivantes, dangereuses si l'on n'est pas préparé[17] :

Question 2.53 *Quels sont les axiomes de l'ensemble* $\mathbb{N}$ *des entiers naturels ?*

Question 2.54 *On suppose que l'ensemble des entiers naturels* $\mathbb{N}$ *est défini par l'axiomatique ordinale. Enoncer puis démontrer une propriété qui justifie le "raisonnement par récurrence". Peut-on proposer une preuve de cette propriété si* $\mathbb{N}$ *est introduit par les axiomes de Peano ?*

B. Difficulté de formuler l'hypothèse de récurrence

Est-il nécessaire de préciser qu'il peut être parfois difficile de formuler l'hypothèse de récurrence ?
Par exemple, il est difficile de demander en temps limité de démontrer que pour tout entier n, la somme :

$$S_n = 1 + \frac{1}{2} + ... + \frac{1}{n}$$

[17] Réponses à la Section 2.4.3.

n'est pas un nombre entier. La question sera donc posée avec une indication qui permette de deviner quelle propriété pourra être démontrée par récurrence. Même en sachant cela, il restera à trouver comment montrer que la propriété est héréditaire, puis rédiger proprement une solution. Voilà une bonne question pour préparer l'écrit (voir Question 2.63 p. 104).

C. $\mathbb{N} \times \mathbb{N}$ est dénombrable

On peut démontrer très rapidement que $\mathbb{N} \times \mathbb{N}$ est dénombrable (voir Section 2.4.4), mais on peut aussi avoir envie d'exhiber une bijection φ entre $\mathbb{N} \times \mathbb{N}$ et $\mathbb{N}$. Cela peut se faire en numérotant les couples d'entiers en suivant des diagonales, et offre l'occasion de deux jolis raisonnements par récurrence. Dans ces raisonnements, la preuve de l'hérédité est difficile. Elle devient accessible à partir du moment où l'on arrive à interpréter graphiquement φ. Cela montre l'intérêt d'une confortable "prise de recul" pour faire fonctionner une récurrence.
Voici la question que l'on peut proposer[18] :

Question 2.55 *Montrer que l'application :*

$$\begin{array}{rccc} \varphi : & \mathbb{N} \times \mathbb{N} & \to & \mathbb{N} \\ & (n,p) & \mapsto & \dfrac{(n+p)(n+p+1)}{2} + p \end{array}$$

est bijective. Que peut-on déduire de ce résultat ?

D. Une question de l'agrégation interne 2010

Un question touchant à des fondamentaux peut être simple en apparence, tout en étant redoutable. Voici la question III.6 de la première composition de l'agrégation interne 2010 :

Question 2.56 *Soit $R \in K[X_1, ..., X_n]$ un polynôme non nul de degré total d, à n indéterminées et à coefficients dans un corps commutatif K. Soit S un sous-ensemble fini non vide de K.*
Montrer que l'ensemble $\Omega_S = \{(s_1, ..., s_n) \in S^n \,/\, R(s_1, ..., s_n) = 0\}$ possède au plus $d \times [\text{Card}\, S]^{n-1}$ éléments. On pourra procéder par récurrence sur n.

En apparence la récurrence prévue s'articule comme on l'imagine, et tout va pour le mieux... Mais en est-on bien sûr ?
Voici la réponse que l'on a envie de donner :

[18] Réponse à la Section 2.4.5.

On raisonne par récurrence sur n. Pour $n = 1$, la propriété est triviale. Si la propriété est vraie au rang n, considérons un polynôme $R(X_1, ..., X_{n+1}) \in K[X_1, ..., X_{n+1}] \backslash \{0\}$, de degré d. Pour chacune des $|S|$ valeurs possibles t de X_{n+1}, on obtient un polynôme de n variables $R(X_1, ..., X_n, t)$, de degré inférieur à d, sur lequel on peut appliquer l'hypothèse récurrente : ce polynôme s'annule en au plus $d|S|^{n-1}$ valeurs de S^n. Au total, $R(X_1, ..., X_{n+1})$ s'annule donc en au plus $|S| \times d|S|^{n-1} = d|S|^n$ valeurs de S^{n+1}, et la propriété est démontrée au rang $n + 1$.

Cette réponse est-elle juste ? ([19])

2.3.6 Vandermonde and Co

Le calcul d'un déterminant de Vandermonde fait partie des fondamentaux à connaître en algèbre linéaire.
Une autre question classique permet de ré-investir cet "Elément de Connaissance", et peut donc être proposée pour travailler les fondamentaux. Il s'agit d'une question posée à l'écrit du Concours Commun MPC en 1993[20] :

Question 2.57 *On se donne un polynôme U unitaire de degré $n \geq 1$ à coefficients complexes, et $n + 1$ nombres complexes z_1, ..., z_{n+1}. Montrer que le déterminant :*

$$V(z_1, ..., z_{n+1}) = \begin{vmatrix} 1 & 1 & \cdots & 1 \\ z_1 & z_2 & \cdots & z_{n+1} \\ \cdots & \cdots & \cdots & \cdots \\ z_1^{n-1} & z_2^{n-1} & \cdots & z_{n+1}^{n-1} \\ U(z_1) & U(z_2) & \cdots & U(z_{n+1}) \end{vmatrix}$$

est indépendant du choix de U, puis calculer-le.

2.3.7 Composée de symétries orthogonales

Les questions suivantes font partie des fondamentaux à connaître. On doit pouvoir y répondre facilement à l'oral si le jury les pose. Hésiter ferait perdre beaucoup de points...

Question 2.58 *Quelle est la nature de la composée $f = s_{D'} \circ s_D$ de deux réflexions affines planes par rapport à des droites D' et D parallèles ? Construire*

[19]Voir Section 2.4.7 p. 105.
[20]Réponse à la Section 2.4.8 p. 107.

les éléments géométriques qui caractérisent f. Enoncer et démontrer une réciproque.

Question 2.59 *Quelle est la nature de la composée $f = s_{D'} \circ s_D$ de deux réflexions affines planes par rapport à des droites D' et D sécantes en un point Ω ? Construire les éléments géométriques qui caractérisent f. Enoncer et démontrer une réciproque.*

En dimension n, un jury de concours s'attend à ce que le candidat :

- sache définir deux sous-espaces vectoriels orthogonaux ou perpendiculaires,
- sache compléter l'égalité $(F + G)^{\perp} = ...$, et la démontrer,
- soit à l'aise avec les notions de dimensions et de sommes de sous-espaces vectoriels.

Nous disposons ainsi de tout un ensemble de Questions/Réponses sur lesquelles s'entraîner. Une façon de voir si l'on est capable d'utiliser nos connaissances d'algèbre linéaire dans un cadre euclidien consiste à poser les questions suivantes[21] :

Question 2.60 *Soient F et G deux sous-espaces d'un espace vectoriel euclidien E. On note s_F et s_G les symétries orthogonales par rapport à F et G. Déterminer complètement la composée $s_F \circ s_G$ lorsque F et G sont perpendiculaires.*

Question 2.61 *Soient F et G deux sous-espaces d'un espace vectoriel euclidien E. On note s_F et s_G les symétries orthogonales par rapport à F et G. Déterminer complètement la composée $s_F \circ s_G$ lorsque F et G sont orthogonaux.*

Ces questions donnent l'occasion de faire des dessins perspectifs au tableau, et d'utiliser ces dessins pour avoir l'intuition du résultat.
Une bonne façon de réagir à la Question 2.60 consiste à dire que f est un endomorphisme comme la composée de deux endomorphismes, puis de montrer que f est la symétrie orthogonale par rapport à $F \cap G$ en prouvant que :

- f laisse invariant chaque vecteur de $F \cap G$,
- f transforme chaque vecteurs de $(F \cap G)^{\perp}$ en son opposé,

le premier point étant évident, et le second point assez facile à démontrer si l'on sait que $(F \cap G)^{\perp} = F^{\perp} + G^{\perp}$.
Il existe aussi une autre solution qui utilise des matrices, ce qui est aussi très gratifiant !

[21] Réponses à la Section 2.4.9 p. 108.

2.4 Annexe

2.4.1 Réponses aux questions du TD sur les "Fondamentaux"

Réponse 2.1 i) $\Leftrightarrow$ ii) : $\dot{x}$ est inversible si et seulement si il existe un élément $\dot{y}$ de $\mathbb{Z}/n\mathbb{Z}$ tel que $\dot{x}.\dot{y} = \dot{1}$. Cela équivaut à dire l'existence de $u \in \mathbb{Z}$ tel que $xy + un = 1$. Le Théorème de Bezout permet alors d'écrire :

$$\begin{aligned} \dot{x} \text{ inversible} \quad &\Leftrightarrow \quad (\exists y \in \mathbb{Z} \quad \exists u \in \mathbb{Z} \quad xy + un = 1) \\ &\Leftrightarrow \quad \operatorname{pgcd}(x, n) = 1. \end{aligned}$$

i) $\Leftrightarrow$ iii) : $\dot{x}$ est un générateur de $(\mathbb{Z}/n\mathbb{Z}, +)$ si et seulement si $\dot{1}$ appartient au sous-groupe $< \dot{x} >$ engendré par $\dot{x}$ ([22]), autrement dit si, et seulement si, il existe $k \in \mathbb{Z}$ tel que $\dot{1} = k\dot{x}$ ([23]). Cette dernière condition s'écrit

$$\exists k, u \in \mathbb{Z} \quad kx + un = 1$$

et signifie x et n sont premiers entre eux (Théorème de Bezout).

Réponse 2.2 *Cette question est souvent posée à l'oral, figure forcément dans un exposé concernant l'anneau $\mathbb{Z}/n\mathbb{Z}$, et tombe aussi à l'écrit des concours (voir question II.A.2 de la seconde composition du CAPES externe 2003). Il faut donc savoir y répondre et rechercher la réponse sur un brouillon ou au tableau devant un jury !*

i) $\Rightarrow$ ii) : Si n est premier, et si $\dot{x} \in (\mathbb{Z}/n\mathbb{Z}) \setminus \{\dot{0}\}$, n ne divise pas x donc n est premier avec x. Il existe alors $u, v \in \mathbb{Z}$ tels que $un + vx = 1$. Dans ce cas $\dot{v}.\dot{x} = \dot{1}$ et $\dot{x}$ est inversible.

ii) $\Rightarrow$ iii) : Tout corps est intègre, d'où la seconde implication. En effet, si K est un corps, si $x, y \in K$ et si $xy = 0$, ou bien $x = 0$ et c'est fini, ou bien $x \neq 0$ et x est inversible, d'où $x^{-1}xy = 0$, puis $y = 0$.

iii) $\Rightarrow$ i) : Si $n = ab$ alors $\dot{a}.\dot{b} = \dot{0}$ et l'intégrité de l'anneau $\mathbb{Z}/n\mathbb{Z}$ donne $\dot{a} = \dot{0}$ ou $\dot{b} = \dot{0}$. Si, par exemple, $\dot{a} = \dot{0}$, alors $a = na'$ et $n = na'b$, donc $a'b = 1$ et $b = \pm 1$. Les seuls diviseurs de n sont donc ± 1 et $\pm n$, ce qui signifie que n est un nombre premier. ■

Réponse 2.3 Soit A un anneau intègre fini et $a \in A \setminus \{0\}$. Tout revient à démontrer que a est inversible. Pour cela, on introduit le morphisme de

---

[22] En effet, si $\dot{x}$ est un générateur, $< \dot{x} > = \mathbb{Z}/n\mathbb{Z}$, donc $\dot{1}$ appartient à $< \dot{x} >$. Réciproquement, si $\dot{1}$ appartient à $< \dot{x} >$, le sous-groupe $< \dot{1} > = \mathbb{Z}/n\mathbb{Z}$ est inclus dans $< \dot{x} >$, donc $< \dot{x} > = \mathbb{Z}/n\mathbb{Z}$ et $\dot{x}$ est un générateur de $\mathbb{Z}/n\mathbb{Z}$.

[23] Pour comprendre cela, il faut se rappeler que $< \dot{x} > = \{k\dot{x} \,/\, k \in \mathbb{Z}\}$.

groupes

$$\begin{array}{rccc} \varphi: & A & \to & A \\ & x & \mapsto & ax. \end{array}$$

Comme A est intègre,

$$ax = 0 \Leftrightarrow x = 0,$$

donc $\operatorname{Ker}\varphi = \{0\}$ et φ est injectif. Mais alors $\varphi : A \to A$ est une injection entre deux ensembles finis de même cardinal, c'est donc une bijection. Par suite $1 \in \operatorname{Im}\varphi$ et il existe $a' \in A$ tel que $aa' = 1$.

Remarques : 1) On suppose ici implicitement que tout anneau est unitaire, ce qui n'est pas forcément le cas suivant les définitions avec lesquelles on travaille ! Mais rassurons-nous : habituellement on suppose toujours qu'un anneau est unitaire.

2) Le résultat que l'on vient de montrer permet de déduire que $\mathbb{Z}/n\mathbb{Z}$ est un corps si et seulement si c'est un anneau intègre, nous donnant ainsi une autre preuve de l'équivalence ii) $\Leftrightarrow$ iii) de la Question 2.2.

Réponse 2.4 Le Théorème des restes chinois s'énonce :

> Deux entiers p et q supérieurs ou égaux à 2 sont premiers entre eux si et seulement si $\mathbb{Z}/p\mathbb{Z} \times \mathbb{Z}/q\mathbb{Z} \simeq \mathbb{Z}/pq\mathbb{Z}$.

Montrons les deux implications annoncées :

($\Rightarrow$) Si $\operatorname{pgcd}(p, q) = 1$, on considère le morphisme d'anneaux

$$\begin{array}{rccc} f: & \mathbb{Z} & \to & \mathbb{Z}/p\mathbb{Z} \times \mathbb{Z}/q\mathbb{Z} \\ & x & \mapsto & \left(\dot{x}, \overline{x}\right). \end{array}$$

Un entier appartient au noyau de f si, et seulement si, il est divisible par p et q, autrement dit s'il est divisible par le produit pq puisque, par hypothèse, p et q sont premiers entre eux. Ainsi $\operatorname{Ker} f = pq\mathbb{Z}$ et la décomposition canonique de f nous donne un monomorphisme d'anneaux :

$$\begin{array}{rccc} \widetilde{f}: & \mathbb{Z}/pq\mathbb{Z} & \hookrightarrow & \mathbb{Z}/p\mathbb{Z} \times \mathbb{Z}/q\mathbb{Z} \\ & \widetilde{x} & \mapsto & \left(\dot{x}, \overline{x}\right). \end{array}$$

Comme les ensembles d'arrivée et de départ de $\widetilde{f}$ ont même cardinal pq, le monomorphisme $\widetilde{f}$ sera en fait une bijection.

($\Leftarrow$) Pour montrer que la condition est suffisante, supposons qu'il existe un isomorphisme d'anneaux $g : \mathbb{Z}/pq\mathbb{Z} \to \mathbb{Z}/p\mathbb{Z} \times \mathbb{Z}/q\mathbb{Z}$, et supposons par l'absurde que $\operatorname{pgcd}(p, q) = \delta > 1$. Notons $p = \delta p'$ et $q = \delta q'$.

• *Première méthode* : Nécessairement $g(\widetilde{1}) = (\dot{1}, \overline{1})$. Comme g conserve les ordres additifs, l'ordre de $(\dot{1}, \overline{1})$ devrait être celui de $\widetilde{1}$, c'est-à-dire pq. C'est absurde car $\delta p'q'(\dot{1}, \overline{1}) = (\dot{0}, \overline{0})$ avec $0 < \delta p'q' < pq$.

• *Deuxième méthode* : Si l'on note $g(\widetilde{x}) = (g_1(\widetilde{x}), g_2(\widetilde{x}))$ et $m = \delta p'q'$, alors $g(\widetilde{m}) = g(m\widetilde{1}) = mg(\widetilde{1}) = m(\dot{1}, \overline{1}) = (\dot{m}, \overline{m}) = (\dot{0}, \overline{0})$. L'injectivité de g entraîne $\widetilde{m} = \widetilde{0}$, ce qui est absurde.

Remarques : Le sens direct ($\Rightarrow$) peut être montré de façon plus "constructive" en recherchant les antécédents par f de n'importe quel élément $(\dot{a}, \overline{b})$ de $\mathbb{Z}/p\mathbb{Z} \times \mathbb{Z}/q\mathbb{Z}$. Cela revient à résoudre le système de congruences

$$\begin{cases} x \equiv a \ (p) \\ x \equiv b \ (q) \end{cases}$$

dans le cas général (voir [6] ou [9]). La réponse privilégiée ici est plus rapide.

Réponse 2.5 La fonction indicatrice d'Euler est la fonction φ qui à tout entier naturel $n \geq 1$ associe le nombre d'entiers premiers avec n appartenant à l'intervalle $[1, n]$. Si $\mathrm{U}(\mathbb{Z}/n\mathbb{Z})$ désigne le groupe multiplicatif formé des éléments inversibles de l'anneau $\mathbb{Z}/n\mathbb{Z}$, et si $n \geq 2$, on a donc

$$\varphi(n) = |\mathrm{U}(\mathbb{Z}/n\mathbb{Z})|$$

puisque dire que x est premier avec n équivaut à dire que $\dot{x}$ est inversible dans $\mathbb{Z}/n\mathbb{Z}$ (Question 2.1). On montre alors que

$$\varphi(n) = n\left(1 - \frac{1}{p_1}\right) \dots \left(1 - \frac{1}{p_k}\right)$$

où $n = p_1^{\alpha_1} \dots p_k^{\alpha_k}$ désigne la décomposition de n en produit de facteurs premiers. La preuve de cette formule se fait en quatre étapes.

► **Etape 1 : On calcule $\varphi(p)$ lorsque p est premier.**

Un nombre premier p est premier avec tout nombre qu'il ne divise pas, et en particulier avec chacun des entiers 1, 2, ..., $p-1$, par conséquent $\varphi(p) = p - 1$.

► **Etape 2 : Si p est premier et $\alpha \in \mathbb{N}^*$, alors $\varphi(p^\alpha) = p^\alpha - p^{\alpha-1}$.**

On dénombre les entiers n appartenant à l'intervalle $[1, p^\alpha]$ qui ne sont pas premiers avec p. Comme p est premier, ces entiers s'écrivent kp, et la condition $1 \leq kp \leq p^\alpha$ devient $1 \leq k \leq p^{\alpha-1}$. Dans $[1, p^\alpha]$, il existe donc $p^{\alpha-1}$ entiers non premiers avec p^α, et $\varphi(p) = p^\alpha - p^{\alpha-1}$.

► **Etape 3 : Si p et q sont premiers entre eux, $\varphi(pq) = \varphi(p)\varphi(q)$.**

Le Théorème des restes Chinois (Question 2.4) montre l'existence d'un isomorphisme g entre $\mathbb{Z}/pq\mathbb{Z}$ et $\mathbb{Z}/p\mathbb{Z}\times\mathbb{Z}/q\mathbb{Z}$. Par cet isomorphisme, les éléments inversibles des deux anneaux se correspondent, et

$$\mathrm{U}(\mathbb{Z}/pq\mathbb{Z}) \simeq \mathrm{U}(\mathbb{Z}/p\mathbb{Z}\times\mathbb{Z}/q\mathbb{Z}) = \mathrm{U}(\mathbb{Z}/p\mathbb{Z})\times\mathrm{U}(\mathbb{Z}/q\mathbb{Z}),$$

d'où

$$\varphi(pq) = |\mathrm{U}(\mathbb{Z}/pq\mathbb{Z})| = |\mathrm{U}(\mathbb{Z}/p\mathbb{Z})\times\mathrm{U}(\mathbb{Z}/q\mathbb{Z})| = \varphi(p)\,\varphi(q)$$

en passant aux cardinaux.

▶ **Etape 4 :**

$$\begin{aligned}\varphi(n) = \varphi\left(p_1^{\alpha_1}...p_k^{\alpha_k}\right) &= \varphi\left(p_1^{\alpha_1}\right)...\varphi\left(p_k^{\alpha_k}\right)\\ &= \left(p^{\alpha_1}-p^{\alpha_1-1}\right)...\left(p^{\alpha_k}-p^{\alpha_k-1}\right)\\ &= n\left(1-\frac{1}{p_1}\right)...\left(1-\frac{1}{p_k}\right).\end{aligned}$$

Réponse 2.6 Le résultat annoncé est connu sous le nom de "Théorème d'Euler". Je reprends ici les démonstrations proposées dans [6].

▶ *Première preuve (la plus rapide)* : L'ensemble U des éléments inversibles de $\mathbb{Z}/n\mathbb{Z}$ forme un groupe multiplicatif d'ordre $\varphi(n)$, et le Théorème de Lagrange montre que $\dot{a}^{\varphi(n)} = \dot{1}$.

▶ *Seconde preuve (astucieuse)* : Si $\dot{a}\in U$ est fixé, l'application

$$\begin{array}{rccc} f: & U & \to & U\\ & \dot{x} & \mapsto & \dot{a}\dot{x}\end{array}$$

est bien définie car $\dot{a}\dot{x}$ est inversible dès que $\dot{x}$ l'est (il s'agit du produit de deux inversibles !). L'application f est bijective car il suffit de multiplier les deux membres par l'inverse $\dot{b}$ de $\dot{a}$ pour obtenir :

$$\forall \dot{y}\in U \quad \dot{a}\dot{x} = \dot{y} \;\Leftrightarrow\; \dot{x} = \dot{b}\dot{y}.$$

Ainsi :

$$\prod_{\dot{x}\in U}(\dot{a}\dot{x}) = \prod_{\dot{x}\in U}\dot{x} \quad \text{ce qui s'écrit} \quad \left(\prod_{\dot{x}\in U}\dot{a}\right)\times\left(\prod_{\dot{x}\in U}\dot{x}\right) = \prod_{\dot{x}\in U}\dot{x},$$

et entraîne $\prod_{\dot{x}\in U}\dot{a} = \dot{1}$. Comme U est de cardinal $\varphi(n)$, on obtient $\dot{a}^{\varphi(n)} = \dot{1}$.

Réponse 2.7 a) Le résultat annoncé est connu sous le nom de "Petit Théorème de Fermat". Je reprends ici les preuves proposées dans [6].

► *Première preuve (la plus rapide)* : On applique le Théorème de Lagrange. Puisque le groupe multiplicatif $(\mathbb{Z}/p\mathbb{Z})^*$ de $\mathbb{Z}/p\mathbb{Z}$ est d'ordre $p-1$, tout élément $\dot{a}$ de $(\mathbb{Z}/p\mathbb{Z})^*$ vérifiera $\dot{a}^{p-1} = \dot{1}$. Ainsi $a^{p-1} \equiv 1 \ (p)$ pour tout entier relatif a non divisible par p. En multipliant de part et d'autre par a, on obtient $a^p \equiv a \ (p)$ pour tout entier relatif a non divisible par p, et pour conclure, il suffit de remarquer que la congruence $a^p \equiv a \ (p)$ reste vérifiée lorsque p divise a.

► *Deuxième preuve (conséquence du Théorème d'Euler démontré à la Question 2.6)* :
Ici $\varphi(p) = p - 1$ car $\mathbb{Z}/p\mathbb{Z}$ est un corps. Le Théorème d'Euler donne $\dot{a}^{p-1} = \dot{1}$ pour tout $\dot{a} \in \mathbb{Z}/p\mathbb{Z}\backslash\{\dot{0}\}$, d'où $a^p \equiv a \ (p)$ pour tout entier a non divisible par p. Et la congruence $a^p \equiv a \ (p)$ est triviale si p divise a.

• *Troisième preuve (récurrence : cette preuve peut être proposée en terminale)* : L'entier

$$(a+1)^p - a^p - 1 = \sum_{k=1}^{p-1} \binom{p}{k} a^k$$

est divisible par p car p divise tous les coefficients binomiaux $\binom{p}{k}$ dès que $k \in \{1, ..., p-1\}$. On montre alors que la propriété :

$H(a)$: "Pour tout p premier, $a^p - a$ est divisible par p"

est vraie pour tout $a \in \mathbb{N}$ en raisonnant par récurrence sur a. La propriété est triviale si $a = 0$. Si $H(a)$ est vraie,

$$(a+1)^p - (a+1) = [(a+1)^p - a^p - 1] + [a^p - a],$$

et l'hypothèse récurrente montre que p divise les deux termes entre crochets, donc divise la différence $(a+1)^p - (a+1)$. La propriété est donc héréditaire. Enfin, si $a < 0$, on peut toujours écrire la division euclidienne $a = pq + r$ avec $0 \leq r < p$ (si l'on veut éviter les congruences) et développer l'expression $(a+1)^p - (a+1)$ pour ramener le problème à la divisibilité de $(r+1)^p - (r+1)$ déjà résolu.

b) Le petit Théorème de Fermat s'écrit $\dot{a}^p = \dot{a}$ en utilisant des classes modulo p. Si $\dot{a}$ est inversible dans $\mathbb{Z}/p\mathbb{Z}$, on en déduit

$$\dot{a}^{p-2} \times \dot{a} = \dot{a}^{p-1} = \dot{1}$$

de sorte que $\dot{a}^{p-2}$ soit l'inverse de $\dot{a}$ dans $\mathbb{Z}/p\mathbb{Z}$.

Réponse 2.8 Cette caractérisation des nombres premiers est connue sous le nom de "Théorème de Wilson". Je reprends la démonstration donnée dans les compléments de la leçon sur les congruences ([6], Th. 16).

($\Rightarrow$) : Si p est premier, $\mathbb{Z}/p\mathbb{Z}$ est un corps et tous les éléments non nuls de $\mathbb{Z}/p\mathbb{Z}$ sont inversibles. Comme

$$\dot{x}^2 = \dot{1} \Leftrightarrow (\dot{x} - \dot{1})(\dot{x} + \dot{1}) = \dot{0} \Leftrightarrow \dot{x} = \pm\dot{1},$$

les seuls éléments non nuls de $\mathbb{Z}/p\mathbb{Z}$ qui sont leurs propres inverses sont $\pm\dot{1}$. Ainsi tout élément $\dot{x}$ de $\mathbb{Z}/p\mathbb{Z}\backslash\{\dot{0}\}$ autre que $\dot{1}$ ou $-\dot{1}$ possède un inverse $\dot{y}$ (distinct de $\dot{x}$) dans $\mathbb{Z}/p\mathbb{Z}\backslash\{\dot{0}\}$, pour lequel $\dot{x}.\dot{y} = \dot{1}$. En associant deux à deux les éléments du produit $\dot{1}.\dot{2}...\dot{\overline{p-1}}$, on ne peut qu'obtenir $\dot{1}$ à chaque fois, sauf lorsque $\dot{x} = \pm\dot{1}$. Par conséquent $\dot{1}.\dot{2}...\dot{\overline{p-1}} = -\dot{1}$.

($\Leftarrow$) : Par hypothèse il existe un entier naturel k tel que $(p-1)! + 1 = kp$. Si d est un diviseur positif de p distinct de p, alors d divise $(p-1)!$ et kp, donc divise 1, et finalement $d = 1$.

Réponse 2.9 Le petit Théorème de Fermat donne $10^6 \equiv 1 \ (7)$.
Si $k = 6q + r$ représente la division euclidienne de k par 6, avec $0 \leq r < 6$, on peut donc écrire :

$$10^k \equiv 1 \ (7) \Leftrightarrow 10^r \equiv 1 \ (7) \Leftrightarrow 3^r \equiv 1 \ (7).$$

Si $r = 0$ vérifie évidemment la dernière congruence, il est facile de voir que 3^r n'est jamais congru à 1 modulo 7 lorsque $1 \leq r \leq 5$. Par conséquent $10^k \equiv 1 \ (7)$ si et seulement si k est multiple de 6.

Réponse 2.10 D'après le petit théorème de Fermat, $x^{10} \equiv 1 \ (11)$ quel que soit l'entier x non divisible par 11. Ici $25^{10} \equiv 1 \ (11)$, donc l'équation à résoudre s'écrit $3^{52n} \equiv 1 \ (11)$. Comme $3^{52n} \equiv (3^{10})^{5n} \times 3^{2n} \equiv 9^n \equiv (-2)^n$, l'équation devient :

$$(-2)^n \equiv 1 \ (11).$$

Tout revient donc à trouver l'ordre multiplicatif ω de $-\dot{2}$ dans $\mathbb{Z}/11\mathbb{Z}$. On sait que ω divise l'ordre 10 du groupe multiplicatif $(\mathbb{Z}/11\mathbb{Z})^*$. Des calculs montrent que $(-2)^n$ n'est pas congru à 1 modulo 11 quand $n \in \{1, 2, 3, 4\}$, mais que $(-2)^5 \equiv 1 \ (11)$. Donc $\omega = 5$, et :

$$(-2)^n \equiv 1 \ (11) \Leftrightarrow 5 \text{ divise } n.$$

2.4.2 Quatrième cas d'isométrie des triangles

Voici une preuve du quatrième cas d'isométrie des triangles :

Question 2.62 *{[11], Question 417} Montrer ce quatrième cas d'isométrie des triangles : "deux triangles sont isométriques si et seulement si deux côtés respectifs de ces triangles sont égaux et si l'angle opposé au plus long des côtés est le même".*

Réponse : • On vérifie d'abord que si $AC \leq AB$, alors la demi-droite ouverte $]CB)$ coupe le cercle $\mathcal{C}$ de centre A et de rayon AB en B uniquement (FIG. 2.7).

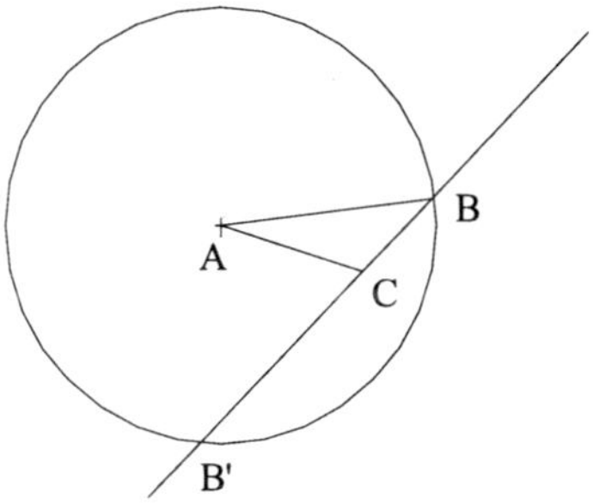

FIG. 2.7 – Un résultat préliminaire

Pour cela on remarque que la puissance de C par rapport au cercle $\mathcal{C}$ est $p_{\mathcal{C}}(C) = \overline{CB} \times \overline{CB'} = AC^2 - AB^2$ où B et B' désignent les points d'intersection de $\mathcal{C}$ et de (CB). Comme $AC \leq AB$, on obtient $\overline{CB} \times \overline{CB'} \leq 0$, ce qui prouve que les points B et B' sont situés de part et d'autre de C.

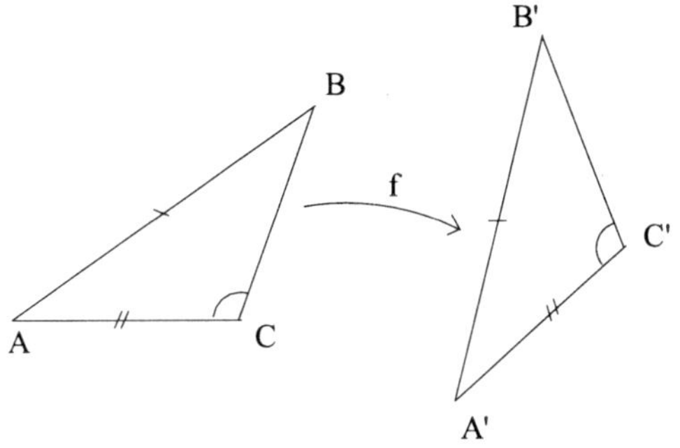

FIG. 2.8 – Quatrième cas d'égalité des triangles

• Soient deux triangles ABC et $A'B'C'$ tels que $AC = A'C'$, $AB = A'B'$, $\widehat{C} = \widehat{C'}$, et pour lesquels les angles $\widehat{C}$ et $\widehat{C'}$ sont opposés aux plus grands côtés (FIG. 2.8). $\widehat{C}$ désigne un angle géométrique dont la mesure appartient à l'intervalle $]0, \pi[$. On peut orienter le plan de sorte que la mesure de l'angle orienté $(\overrightarrow{CB}, \overrightarrow{CA})$ soit égale à $\widehat{C}$ modulo 2π. Avec cette orientation :

$$(\overrightarrow{C'B'}, \overrightarrow{C'A'}) = \pm \widehat{C} \ (2\pi) .$$

Supposons que $(\overrightarrow{CB}, \overrightarrow{CA}) = (\overrightarrow{C'B'}, \overrightarrow{C'A'}) \ (2\pi)$ (le cas où ces deux angles sont opposés se traitant de la même manière). Il existe un unique déplacement f amenant A et C respectivement sur A' et C'. Comme f conserve les distances et les angles, on aura $A'f(B) = AB = A'B'$ et

$$(\overrightarrow{C'f(B)}, \overrightarrow{C'A'}) = (\overrightarrow{CB}, \overrightarrow{CA}) = (\overrightarrow{C'B'}, \overrightarrow{C'A'}) \ (2\pi) .$$

Ainsi $f(B)$ appartient à l'intersection de la demi-droite $]C'B')$ et du cercle $\mathcal{C}'$ de centre A' et de rayon $A'B'$. Le premier point montre que $\mathcal{C}' \cap]C'B') = \{B'\}$, donc $f(B) = B'$. ■

2.4.3 Réponses aux Questions 2.53 et 2.54

• Définissons $\mathbb{N}$ en utilisant l'axiomatique ordinale. Cela signifie que $\mathbb{N}$ est un ensemble non vide qui possède les trois propriétés :

(A1) $\mathbb{N}$ est bien ordonné, autrement dit $\mathbb{N}$ est muni d'une relation d'ordre (notée $\leq$) telle que toute partie non vide de $\mathbb{N}$ possède un plus petit élément ;

(A2) $\mathbb{N}$ n'est pas majoré ;

(A3) Toute partie non vide majorée de $\mathbb{N}$ possède un plus grand élément.

Les éléments de $\mathbb{N}$ s'appellent des entiers naturels. Comme $\mathbb{N}$ est bien ordonné, il existe un entier naturel inférieur à tous les autres. On le note 0, et on l'appelle l'élément nul. C'est le plus petit élément de $\mathbb{N}$.
Si $n \in \mathbb{N}$ l'ensemble $E_n = \{k \in \mathbb{N} \,/\, n < k\}$ n'est pas vide (autrement $\mathbb{N}$ serait majoré par n, ce qui est impossible). Donc E_n possède un plus petit élément que l'on note n^* et que l'on appelle **successeur de** n. Bien entendu $n < n^*$ et $]n, n^*[= \varnothing$.

On pose $\mathbb{N}^* = \mathbb{N} \setminus \{0\}$. Si $n \in \mathbb{N}^*$, l'ensemble $\{k \in \mathbb{N} \,/\, k < n\}$ n'est pas vide puisqu'il contient 0, et il est majoré par n. Il admet donc un plus grand élément que l'on note n_* et que l'on appelle **prédécesseur de** n. Encore une fois $n_* < n$ et $]n_*, n[= \varnothing$.

On a maintenant tout ce qu'il faut pour pouvoir énoncer et démontrer le principe[24] de récurrence :

Théorème 2.2 *Soit E une partie de $\mathbb{N}$. Si 0 appartient à E et si l'implication* $(n \in E \;\Rightarrow\; n^* \in E)$ *est vraie, alors $E = \mathbb{N}$.*

Preuve : Supposons par l'absurde que $E \neq \mathbb{N}$, autrement dit que le complémentaire $\complement E$ de E dans $\mathbb{N}$ n'est pas vide. Comme $\mathbb{N}$ est bien ordonné, il existe un plus petit élément dans E, élément que nous appellerons m.
Bien sûr $m \neq 0$ puisque $0 \in E$. Mais alors m possède un prédécesseur $n = m_*$ qui appartient à E (s'il appartenait à $\complement E$, on aurait trouvé un élément de $\complement E$ strictement inférieur à m, ce qui est impossible puisque m est le minimum de $\complement E$). Mais si n appartient à E, $n^* = m$ aussi ! On doit donc avoir $m \in E$ et $m \in \complement E$, ce qui est absurde. ■

• **Attention :** *Une question peut en cacher une autre...*
Une question peut être posée par le jury d'oral. Dans la preuve ci-dessus, on énonce la propriété de récurrence de façon ensembliste alors que, dans la pratique, on désire démontrer une propriété qui porte sur tous les entiers naturels. Comment faire le lien entre ces deux points de vue ?
Le principe de récurrence est effectivement souvent utilisé pour démontrer qu'une propriété $\mathcal{P}(n)$ qui concerne l'entier naturel n est vraie quel que soit n. On l'énonce alors ainsi :

> **Enoncé usuel du principe de récurrence :** Soit $\mathcal{P}(n)$ une propriété[25] liée à l'entier naturel n. Si $\mathcal{P}(0)$ est vraie, et si $\mathcal{P}(n)$ vraie entraîne $\mathcal{P}(n+1)$ vraie[26], alors $\mathcal{P}(n)$ est vraie pout tout n.

Ce second énoncé se démontre à partir du Théorème que l'on a donné en introduisant la partie $E = \{n \in \mathbb{N} \,/\, \mathcal{P}(n) \text{ vraie}\}$. Réciproquement, si ce second énoncé est vrai, alors on peut démontrer le Théorème en utilisant la propriété $\mathcal{P}(n)$: "n appartient à E".
Le Théorème 2.2 est donc équivalent à l'énoncé que l'on vient de donner.

---

[24] On fera attention en employant le mot "principe" qui nous vient des sciences physiques, et donc des sciences expérimentales. Un principe est "prouvé" par l'expérimentation , comme par exemple le principe de la gravitation universelle, alors que les mathématiques ne démontrent pas des énoncés en les confrontant au réel, mais en les déduisant logiquement d'une certain nombre d'énoncés considérés comme vrais, et appelé axiomes. Les mathématiques sont une science hypothético-déductive, et non une science expérimentale. Un membre du jury d'oral peut ainsi demander s'il est convenable de parler de "principe de récurrence", et dans ce cas, il suffira de dire que l'on commet un abus et d'expliquer celui-ci pour être tranquille.

[25] Il s'agit d'un prédicat unaire.

[26] On dit que la propriété $\mathcal{P}(n)$ est héréditaire.

• **Remarque** : On peut énoncer plusieurs types de récurrences, comme les récurrences finies, descendantes, doubles, fortes... En fait tous ces énoncés se ramènent au Théorème 2.2 moyennant le choix judicieux d'une partie E de $\mathbb{N}$.

• Il est impossible de démontrer le principe de récurrence si l'on a introduit $\mathbb{N}$ avec les axiomes de Peano, tout simplement parce que ce principe constitue l'un des trois axiomes de la théorie. Dans l'axiomatique de Peano, $\mathbb{N}$ est un ensemble non vide tel que :

(B1) Il existe une injection $s : \mathbb{N} \to \mathbb{N}$;

(B2) Il existe un élément de $\mathbb{N}$, noté 0, qui n'a pas d'antécédent par s ;

(B3) Si E est une partie E de $\mathbb{N}$ qui contient 0 et vérifie :

$$n \in E \;\Rightarrow\; s(n) \in E,$$

alors $E = \mathbb{N}$ (axiome de récurrence).

2.4.4 Preuve rapide de la dénombrabilité de $\mathbb{N} \times \mathbb{N}$

On utilise le Théorème fondamental de l'arithmétique suivant lequel tout entier naturel distinct de 0 et de 1 admet une décomposition unique en produit de facteurs premiers. Ce Théorème montre que l'application :

$$\begin{array}{rccc} \xi : & \mathbb{N} \times \mathbb{N} & \to & \mathbb{N} \\ & (x, y) & \mapsto & 2^x 3^y \end{array}$$

est injective. On obtient ainsi une injection de $\mathbb{N} \times \mathbb{N}$ dans un ensemble dénombrable, et cela implique que $\mathbb{N}$ est au plus dénombrable. Comme $\mathbb{N} \times \mathbb{N}$ est infini, on en déduit qu'il est dénombrable.

2.4.5 Réponse à la Question 2.55

► L'interprétation graphique de la numérotation des éléments du produit cartésien $\mathbb{N} \times \mathbb{N}$ donnée par φ permet de mieux comprendre ce que représente φ. Considérons la numérotation "diagonale" décrite dans la FIG. 2.9. Le point $(0, 0)$ est numéroté 0, $(1, 0)$ est numéroté 1, $(1, 1)$ est numéroté 2, $(2, 0)$ est numéroté 3, et ainsi de suite. Dans la figure, les numéros de certains points (n, p) de $\mathbb{N} \times \mathbb{N}$ ont été entourés.

Le triangle limité par les axes de coordonnées et la droite d'équation cartésienne $n + p = r - 1$ (bords inclus) contient $1 + 2 + ... + r = \frac{r(r+1)}{2}$ points, de sorte que le point de coordonnées $(r, 0)$ sera numéroté $\frac{r(r+1)}{2}$. La bijection de $\mathbb{N} \times \mathbb{N}$ dans $\mathbb{N}$ déduite de cette numérotation diagonale s'écrit donc :

$$\begin{array}{rccl} \varphi : & \mathbb{N} \times \mathbb{N} & \to & \mathbb{N} \\ & (n, p) & \mapsto & \dfrac{r\,(r+1)}{2} + p \quad \text{où } r = n + p. \end{array}$$

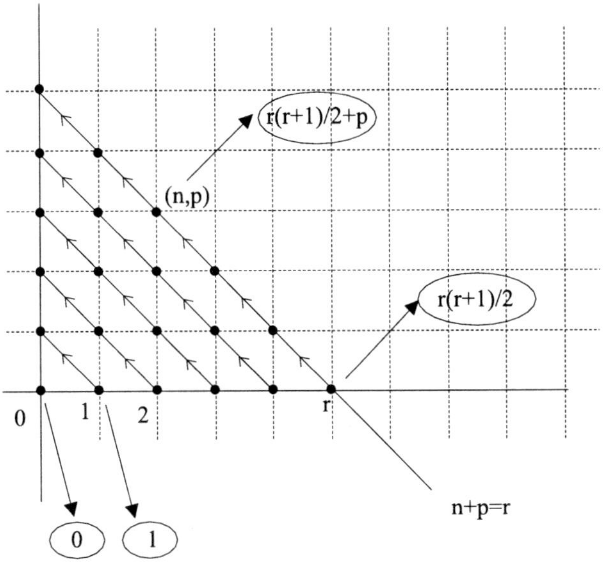

FIG. 2.9 – Une énumération des éléments de $\mathbb{N} \times \mathbb{N}$

► Cette vision graphique donne des idées pour montrer φ est bijective :

• *Première solution* : Soit $x \in \mathbb{N}$. On cherche un couple d'entiers naturels (n, p) tel que $\varphi(n, p) = x$, ce qui revient à chercher trois entiers naturels r, n, p tels que $\frac{r(r+1)}{2} + p = x$ avec $r = n + p$. Comme

$$\frac{r(r+1)}{2} \leq x < \frac{r(r+1)}{2} + r + 1 = \frac{(r+1)(r+2)}{2}$$

et comme $\left\{ [\frac{r(r+1)}{2}, \frac{(r+1)(r+2)}{2}[\right\}_{r \in \mathbb{N}}$ est une partition de $\mathbb{N}$, il existera un unique entier r tel que :

$$x \in [\frac{r(r+1)}{2}, \frac{(r+1)(r+2)}{2}[\qquad (*)$$

et nécessairement $p = x - \frac{r(r+1)}{2}$ et $n = r - p$. On vient de montrer qu'il existe au plus un couple (n, p) tel que $\varphi(n, p) = x$, ce qui démontre que φ est injective. La surjectivité est facile : si x est donné, il suffit de définir r comme étant l'unique entier vérifiant $(*)$, puis de poser $p = x - \frac{r(r+1)}{2}$ et $n = r - p$, pour obtenir $\varphi(n, p) = \frac{r(r+1)}{2} + p = x$.

• *Deuxième solution* : On raisonne par récurrence en utilisant l'interprétation graphique de φ donnée plus haut.

⋆ Montrons que φ est injective. Si l'égalité $\varphi(n,p) = \varphi(n',p')$ a lieu, montrons que $(n,p) = (n',p')$. On envisage deux cas.

- Si $n+p = n'+p'$, alors $\varphi(n,p) = \varphi(n',p')$ entraîne $p = p'$ puis $n = n'$.
- Si $n+p < n'+p'$,

$$\begin{aligned}\varphi(n,p) &= \frac{(n+p)(n+p+1)}{2} + p \\ &< \frac{(n+p)(n+p+1)}{2} + (n+p+1) \\ &< \frac{(n+p+1)(n+p+2)}{2} \leq \frac{(n'+p')(n'+p'+1)}{2}\end{aligned}$$

entraîne $\varphi(n,p) < \varphi(n',p')$, ce qui est absurde. Ce cas ne se présentera donc jamais.

⋆ Montrons que φ est surjective. Pour cela, montrons que $\mathbb{N} = \operatorname{Im}\varphi$ par récurrence. On a $0 = \varphi(0,0)$ donc $0 \in \operatorname{Im}\varphi$. Si $m \in \operatorname{Im}\varphi$, il existe $(n,p) \in \mathbb{N}^2$ tel que $\varphi(n,p) = m$. De deux choses l'une (pour comprendre cette disjonction de cas, il faut repenser à l'interprétation graphique de φ) :

- Si $n \neq 0$, $m+1 = \varphi(n,p) + 1 = \varphi(n-1, p+1)$,
- Si $n = 0$, $m+1 = \varphi(0,p) + 1 = \varphi(p+1, 0)$,

et dans les deux cas on conclut à $m+1 \in \operatorname{Im}\varphi$.

▶ Nous venons de montrer que le produit cartésien $\mathbb{N} \times \mathbb{N}$ est dénombrable. De façon plus générale, cela prouve que le produit cartésien de deux ensembles dénombrables est dénombrable.

2.4.6 S_n n'est pas entier si $n \geq 2$

La question suivante donne une indication précieuse qui permet de choisir la "bonne" hypothèse de récurrence. Mais il reste à trouver comment montrer l'hérédité et à rédiger une solution...

Question 2.63 *Montrer que, pour tout entier $n \geq 2$, la somme :*

$$S_n = 1 + \frac{1}{2} + \dots + \frac{1}{n}$$

n'est pas un nombre entier. On pourra raisonner par récurrence en notant que les premières valeurs $S_2 = 3/2$, $S_3 = 11/6$, $S_4 = 25/12$ sont des quotients d'un impair par un pair.

Réponse : Montrons la propriété $H(n)$: "Pour tout $k \in \{2, ..., n\}$, S_n est le quotient d'un impair par un pair" par récurrence sur n. La propriété est vraie quand $n = 2$ car $S_2 = 3/2$. Si elle est vraie au rang $n-1$, de deux choses l'une :

- Si n est pair, il existe $m \in \mathbb{N}$ tel que $n = 2m$, et :

$$\begin{aligned} S_n &= 1 + \frac{1}{2} + \dots + \frac{1}{2m} \\ &= \left(\frac{1}{2} + \frac{1}{4} + \dots + \frac{1}{2m}\right) + \left(1 + \frac{1}{3} + \dots + \frac{1}{2m-1}\right) \\ &= \frac{1}{2} S_m + A \end{aligned}$$

où A est une somme de fractions dont tous les dénominateurs sont impairs. C'est donc aussi une fraction de dénominateur impair et l'on peut écrire

$$A = \frac{a}{2b+1}$$

où $a, b \in \mathbb{N}$. L'hypothèse de récurrence montre qu'il existe des entiers p et q tels que $S_m = (2p+1)/2q$. Par suite :

$$S_n = \frac{2p+1}{4q} + \frac{a}{2b+1} = \frac{2\,(2bp + p + b + 2aq) + 1}{4q\,(2b+1)}$$

et S_n est bien le quotient d'un impair par un pair.

- Si n est impair, il existe $m \in \mathbb{N}$ tel que $n = 2m+1$, et l'hypothèse récurrente assure l'existence de $p, q \in \mathbb{N}$ tels que $S_{n-1} = (2p+1)/2q$. Dans ce cas :

$$S_n = S_{n-1} + \frac{1}{n} = \frac{2p+1}{2q} + \frac{1}{2m+1} = \frac{2\,(2pm + p + m + q) + 1}{2q\,(2m+1)}$$

est encore comme le quotient d'un impair par un pair.

2.4.7 Au sujet de la Question 2.56

► La réponse à la Question 2.56 donnée à la page 91 est fausse car on ne peut pas appliquer l'hypothèse récurrente au polynôme $R(X_1, \dots, X_n, t)$ si celui-ci est le polynôme nul, ce qui peut être le cas.

Prenons par exemple le polynôme :

$$R(X_1, X_2, X_3) = (X_1 - X_2)(3X_3^2 - 12)$$

et la partie $S = \{-2, 2\}$. Le polynôme $R(X_1, X_2, \pm 2)$ est nul et l'on ne peut donc pas lui appliquer l'hypothèse de récurrence au rang $n = 2$.

On constate néanmoins que $R(X_1, X_2, X_3)$ admet $|S|^3 = 2^3 = 8$ racines dans S^3, et que 8 est inférieur à $d|S|^{n-1} = 3 \times 2^2 = 12$, ce qui fait que ce polynôme ne constitue pas un contre-exemple pour la propriété que nous voulons montrer. C'est normal puisque la propriété que l'on demande de montrer est bien vraie...

▶ Finalement, cette question n'est pas si simple ! On ne peut appliquer l'hypothèse récurrente que sur *des polynômes non nuls*, et cela nous contraint à envisager des cas.
La réponse devient plus difficile à mettre au point et à rédiger. Une telle question peut être travaillée en TD pour voir comment on peut réagir devant cette difficulté, et pour ré-investir ses connaissances sur les polynômes. Mais ne nous leurrons pas : répondre à ce genre de question en temps limité risque d'être chronophage. En situation de concours, une telle question risque d'être mise promptement de côté, quitte à y revenir une fois que l'on a bien exploité le problème dans son ensemble.

▶ Je propose la réponse suivante à la Question 2.56 :

On raisonne par récurrence sur n.

• Si $n = 1$, R est un polynôme non nul de degré d à une indéterminée à coefficients dans un corps commutatif K. Il possède au plus d racines, donc le cardinal $|\Omega_S|$ de Ω_S est inférieur à $d = d \times |S|^{n-1}$ (ici $n = 1$). La propriété est vraie au rang $n = 1$.

• Supposons que la propriété soit vraie jusqu'au rang n, et montrons-là au rang $n+1$. Notons $S = \{t_1, ..., t_{|S|}\}$. Si $R(X_1, ..., X_{n+1})$ est un polynôme non nul de degré d de $K[X_1, ..., X_{n+1}]$, et si $t \in S$, de deux choses l'une :

Cas A : ou bien $R(X_1, ..., X_n, t)$ est le polynôme nul de $K[X_1, ..., X_n]$;

Cas B : ou bien $R(X_1, ..., X_n, t)$ n'est pas le polynôme nul de $K[X_1, ..., X_n]$.

Quitte à ré-indexer l'ensemble S, on peut supposer que l'on est dans le cas A pour les valeurs t_1, ..., t_m de t, et que l'on est dans le cas B pour les valeurs t_{m+1}, ..., $t_{|S|}$ de t. Posons $S_1 = \{t_1, ..., t_m\}$ et $S_2 = \{t_{m+1}, ..., t_{|S|}\}$.
Si $t \in S$, notons :

$$\Omega_{S,t} = \{(s_1, ..., s_n, t) \in S^n \,/\, R(s_1, ..., s_n, t) = 0\}.$$

$\Omega_S = \{(s_1, ..., s_{n+1}) \in S^n \,/\, R(s_1, ..., s_{n+1}) = 0\}$ est la réunion disjointe des ensembles $\Omega_{S,t}$ lorsque t décrit S, soit $\Omega_S = \bigsqcup_{t\in S} \Omega_{S,t}$, et l'on a :

$$|\Omega_S| = \sum_{t\in S} |\Omega_{S,t}|.$$

Comme $R(X_1, ..., X_n, t_1)$, ..., $R(X_1, ..., X_n, t_m)$ sont des polynômes nuls dans $K[X_1, ..., X_n]$, les scalaires t_1, ..., t_m sont des racines de $R(X_1, ..., X_{n+1})$ (où

$R(X_1,...,X_{n+1})$ est un polynôme de $K[X_1,...,X_n][X_{n+1}]$) et par conséquent $(X_{n+1}-t_1)...(X_{n+1}-t_m)$ divise $R(X_1,...,X_{n+1})$. Comme $d=\deg R$, cela implique que :

$$m \leq d. \quad (*)$$

Dénombrons les ensembles $\Omega_{S,t}$ suivant que t appartienne à S_1 ou à S_2.

- Si $t \in S_1$, $R(X_1,...,X_n,t)$ est le polynôme nul, donc possède $|S|^n$ racines dans S^n. Dans ce cas $|\Omega_{S,t}| = |S|^n$.

- Si $t \in S_2$, $R(X_1,...,X_n,t)$ n'est pas le polynôme nul, et on peut lui appliquer l'hypothèse de récurrence au rang n :

$$|\Omega_{S,t}| \leq \deg(R(X_1,...,X_n,t)) \times |S|^{n-1}.$$

On a vu que $(X_{n+1}-t_1)...(X_{n+1}-t_m)$ divisait $R(X_1,...,X_{n+1})$, de sorte que $\deg(R(X_1,...,X_n,t)) \leq d-m$, et :

$$|\Omega_{S,t}| \leq (d-m)|S|^{n-1}.$$

Il ne reste plus qu'à conclure :

$$\begin{array}{rcl}|\Omega_S| & = & \sum_{t\in S_1}|\Omega_{S,t}| + \sum_{t\in S_2}|\Omega_{S,t}| \\ & \leq & \sum_{t\in S_1}|S|^n + \sum_{t\in S_2}(d-m)|S|^{n-1} \\ & \leq & m|S|^n + (|S|-m)(d-m)|S|^{n-1}\end{array}$$

soit :

$$\begin{array}{rcl}|\Omega_S| & \leq & d|S|^n + (m-d)m|S|^{n-1} \\ & \leq & d|S|^n\end{array}$$

puisque $m-d \leq 0$ d'après $(*)$. Cela montre la propriété au rang $n+1$.

2.4.8 Réponse à la Question 2.57

On peut écrire $U(z) = z^n + a_{n-1}z^{n-1} + ... + a_0$ où les a_i appartiennent à $\mathbb{C}$. La dernière ligne du déterminant est donc égale à $(z_1^n,...,z_{n+1}^n)$ plus une combinaison linéaire des n premières lignes, par conséquent :

$$V(z_1,...,z_{n+1}) = \begin{vmatrix} 1 & 1 & \cdots & 1 \\ z_1 & z_2 & \cdots & z_{n+1} \\ \cdots & \cdots & \cdots & \cdots \\ z_1^{n-1} & z_2^{n-1} & \cdots & z_{n+1}^{n-1} \\ z_1^n & z_2^n & \cdots & z_{n+1}^n \end{vmatrix}.$$

$V(z_1, ..., z_{n+1})$ est bien indépendant de U, et l'on reconnaît un déterminant de Vandermonde. On sait que :

$$V(z_1, ..., z_{n+1}) = \prod_{1 \leq i \leq j \leq n+1} (z_j - z_i).$$

Rappelons que pour calculer le déterminant de Vandermonde $V(z_1, ..., z_{n+1})$, le plus simple est sans doute de raisonner par récurrence sur n. La formule est évidente si $n = 1$. Si elle est vraie au rang $n-1$, on calcule $V(z_1, ..., z_{n+1})$ en remplaçant chacune des lignes (autre que la première) par elle-même moins z_1 fois la ligne précédente. On obtient :

$$V(z_1, ..., z_{n+1}) = \begin{vmatrix} 1 & 1 & \cdots & 1 \\ 0 & z_2 - z_1 & \cdots & z_{n+1} - z_1 \\ \cdots & \cdots & \cdots & \cdots \\ 0 & z_2^{n-2}(z_2 - z_1) & \cdots & z_{n+1}^{n-2}(z_{n+1} - z_1) \\ 0 & z_2^{n-1}(z_2 - z_1) & \cdots & z_{n+1}^{n-1}(z_{n+1} - z_1) \end{vmatrix}$$

d'où $V(z_1, ..., z_{n+1}) = (z_2 - z_1)...(z_{n+1} - z_1)V(z_2, ..., z_{n+1})$. Il suffit d'appliquer la formule de récurrence à $V(z_2, ..., z_{n+1})$ pour obtenir la bonne expression.

2.4.9 Réponses aux Questions 2.60 et 2.61

Réponse à la Question 2.60 : On dit que F et G sont *perpendiculaires* si $F^\perp \subset G$ (ce qui équivaut aussi à $G^\perp \subset F$). Si F et G sont perpendiculaires, alors :

$$\sigma_F \circ \sigma_G = \sigma_{F \cap G}$$

où $\sigma_{F \cap G}$ désigne la symétrie orthogonale par rapport à $F \cap G$. Pour le voir, on vérifie que l'application linéaire $\sigma_F \circ \sigma_G$ coïncide avec l'identité sur $F \cap G$, et avec $-Id$ sur $(F \cap G)^\perp$.

- Si $x \in F \cap G$, alors $\sigma_F \circ \sigma_G(x) = \sigma_F(x) = x$.

- Si $x \in (F \cap G)^\perp = F^\perp + G^\perp$, on peut écrire x sous la forme $x = x_1 + x_2$ avec $x_1 \in F^\perp$ et $x_2 \in G^\perp$, puis calculer :

$$\begin{aligned} \sigma_F \circ \sigma_G(x) &= \sigma_F \circ \sigma_G(x_1 + x_2) \\ &= \sigma_F(x_1 - x_2) && (\text{car } x_1 \in F^\perp \subset G) \\ &= -x_1 - x_2 && (\text{car } x_2 \in G^\perp \subset F) \\ &= -x. \end{aligned}$$

Autre réponse à la Question 2.60 : On peut prouver que $\sigma_F \circ \sigma_G = \sigma_{F \cap G}$ en utilisant des matrices. On remarque d'abord que :

$$E = (F \cap G) \oplus (F \cap G)^\perp = (F \cap G) \oplus (F^\perp + G^\perp),$$

et que $F^{\perp} + G^{\perp} = F^{\perp} \oplus G^{\perp}$ puisque $F^{\perp} \cap G^{\perp} \subset G \cap G^{\perp} = \{0\}$ (faire un dessin en dimension 3). Ainsi :

$$E = (F \cap G) \oplus F^{\perp} \oplus G^{\perp}.$$

Il suffit maintenant d'écrire les matrices de σ_F, σ_G et $\sigma_{F\cap G}$ dans une base adaptée à la décomposition en somme directe précédente. On obtient :

$$\mathrm{Mat}(\sigma_F) = \begin{pmatrix} I & O & O \\ O & -I & O \\ O & O & I \end{pmatrix} \text{ et } \mathrm{Mat}(\sigma_G) = \begin{pmatrix} I & O & O \\ O & I & O \\ O & O & -I \end{pmatrix}$$

d'où

$$\begin{aligned} \mathrm{Mat}(\sigma_F \circ \sigma_G) &= \begin{pmatrix} I & O & O \\ O & -I & O \\ O & O & I \end{pmatrix} \begin{pmatrix} I & O & O \\ O & I & O \\ O & O & -I \end{pmatrix} \\ &= \begin{pmatrix} I & O & O \\ O & -I & O \\ O & O & -I \end{pmatrix} = \mathrm{Mat}(\sigma_{F\cap G}). \end{aligned}$$

Réponse à la Question 2.61 : Deux sous-espaces F et G sont dits *orthogonaux* si $F \subset G^{\perp}$. cela revient à écrire l'inclusion $G \subset F^{\perp}$, ou encore à dire que $x.y = 0$ quel que soit (x, y) appartenant à $F \times G$. Si F et G sont orthogonaux, alors :

$$\sigma_F \circ \sigma_G = \sigma_{(F\oplus G)^{\perp}}$$

où $\sigma_{(F\oplus G)^{\perp}}$ désigne la symétrie orthogonale par rapport à $(F \oplus G)^{\perp}$. Pour le voir, on montre que l'application linéaire $\sigma_F \circ \sigma_G$ coïncide avec l'identité sur $(F \oplus G)^{\perp}$, et avec $-Id$ sur $F \oplus G$.

- Si $x \in (F \oplus G)^{\perp} = F^{\perp} \cap G^{\perp}$, alors $\sigma_F \circ \sigma_G\,(x) = \sigma_F\,(-x) = x$.

- Si $x \in F \oplus G$, on écrit x sous la forme $x = x_1 + x_2$ avec $x_1 \in F$ et $x_2 \in G$, puis on calcule :

$$\begin{aligned} \sigma_F \circ \sigma_G\,(x) &= \sigma_F \circ \sigma_G\,(x_1 + x_2) \\ &= \sigma_F\,(-x_1 + x_2) && (\text{car } x_1 \in F \subset G^{\perp}) \\ &= -x_1 - x_2 && (\text{car } x_2 \in G \subset F^{\perp}) \\ &= -x. \end{aligned}$$

Bibliographie

[1] A. Antibi, La constante macabre ou comment a-t-on découragé des générations d'élèves ? Ed. Matth'Adore, 2003.

[2] A. Antibi, Les notes : "la fin du cauchemar" ou "en finir avec la constante macabre", Ed. Matth'Adore, 2007.

[3] E. Berne, Que dites-vous après avoir dit bonjour ?, Paris, Tchou, Laffont, 1977.

[4] M.-J. Chalvin, Comment réussir avec ses élèves, l'analyse transactionnelle à l'école, ESF, 1982.

[5] Hilbert D., Les principes fondamentaux de la géométrie, Annales Scientifiques de l'ENS, 3ème série, tome 17, 1900, pp. 103-209.

[6] D.-J. Mercier, L'épreuve d'exposé au CAPES mathématiques, Leçons rédigées et commentées, Vol. II, Publibook, 2006.

[7] D.-J. Mercier, Cours de géométrie, préparation au CAPES et à l'agrégation, Publibook, 2008.

[8] D.-J. Mercier, Fondamentaux de géométrie pour les concours (grandes écoles, CAPES, agrégation, ...), Publibook, 2009.

[9] D.-J. Mercier, Fondamentaux d'algèbre & d'arithmétique, Publibook, 2010.

[10] D.-J. Mercier, Acquisition des fondamentaux pour les concours (grandes écoles, CAPES, agrégation, ...), Vol. I : Ensembles de nombres, algèbre, arithmétique et polynômes, Publibook, à paraître.

[11] D.-J. Mercier, Acquisition des fondamentaux pour les concours (grandes écoles, CAPES, agrégation, ...), Vol. IV : Géométrie affine et euclidienne, Publibook, 2010.

[12] E. Ramis, C. Deschamps, J. Odoux, Cours de Mathématiques Spéciales, Volume **1**, Algèbre, Masson, 1989.

[13] E. Ramis, C. Deschamps, J. Odoux, Cours de Mathématiques Spéciales, Volume **2**, Algèbre et Application à la Géométrie, Masson, 1989.

[14] D. Richard, J.-M. Braemer, CAPES Mathématiques, préparation à l'oral, leçons développées et commentées à l'usage des enseignants, Hermann, 1977.

Chapitre 3

Comptes rendus d'oraux 2010

Comptes rendus d'oraux 2010 :
des candidats au CAPES racontent leurs épreuves.

(Dany-Jack Mercier[1])

Présentation : Les comptes rendus proposés ici m'ont été envoyés par des candidats qui désiraient témoigner sur le déroulement de leurs épreuves orales. Ces témoignages ont été anonymés, et j'ai effectué un tri pour ne retenir que les plus significatifs. J'ai aussi modifié la mise en forme des textes que j'ai reçus quand cela m'a paru nécessaire pour les présenter ici, tout en essayant de conserver la fraîcheur des propos[2].
Ces textes ouvrent une fenêtre sur le huis-clos de l'oral d'un concours, et permettent ainsi d'affiner la représentation que l'on peut avoir de ces épreuves.
On n'oubliera pas néanmoins que ces textes relatent des expériences particulières qu'il ne s'agit pas de généraliser dans l'absolu. Il s'agit de comptes rendus nécessairement subjectifs. De plus beaucoup de candidats qui ont eu une "mauvaise" expérience de l'oral ne sont pas tentés de partager ce qu'ils ont vécu, et l'on ne parle donc jamais de leurs expériences. Quoi qu'il en soit, chaque nouveau compte rendu apporte une nouvelle matière à réflexion.

[1]CRREF (équipe d'accueil n°4538), dany-jack.mercier@univ-ag.fr.

[2]Merci à Laetitia, à Geoffroy, et à tous les autres candidats qui m'ont envoyé les comptes rendus de leurs oraux...

***** Attention ! TEXTES LIES Les compte-rendus recopiés ci-dessous sont aussi placés dans un chapitre spécial à la fin de questions001.tex pour être utilisés de façon différente dans le cadre d'un entraînement aux questions posées à l'oral. Toute modification d'un texte qui suit devra entraîner la modification du texte correspondant dans questions001.tex.*****

3.1 Compte rendu n°1

3.1.1 Suites convergentes

En oral 1, je suis tombé sur la leçon : "Suites convergentes. Opérations algébriques, composition par une application continue. Limites et relation d'ordre". La seconde leçon tirée au sort était : "Propriétés axiomatiques de $\mathbb{N}$. Construction de $\mathbb{Z}$". Je n'ai pas hésité : j'aurais bien construit $\mathbb{C}$, mais surtout pas $\mathbb{Z}$, très peu pour moi !

En principe je connais ce cours par coeur, théorèmes et démonstrations... Et pourtant j'ai réussi le petit exploit d'oublier le théorème le plus important dans le paragraphe sur les limites et la relation d'ordre, à savoir : si $u_n \leq v_n$, et si (u_n) et (v_n) tendent respectivement vers des limites l et l', alors $l \leq l'$.

Je ne m'en suis aperçu uniquement lorsque j'étais déjà dans le métro, et le jury n'a rien dit ni remarqué. Peut-être est-ce parce que j'ai conclu mon exposé en disant que l'on pourrait énoncer d'autres résultats, mais que par manque de temps, l'exposé ne durant que 25 minutes, j'étais bien obligé d'en rester là. J'ai tout de même pensé à donner le résultat qui vient juste avant, à savoir, que si tous les termes d'une suite sont positifs, et si la limite existe, alors celle-ci est positive.

Dans mon exposé j'ai bien sûr démontré l'unicité de la limite lorsqu'elle existe. Le jury m'a posé les questions suivantes :

Jury — Vous avez montré que, si $a > 0$, alors $|l-l'| < a$. Explicitez comment on arrive à $l = l'$?

Candidat — Je savais pertinemment que l'on me poserait cette question et je m'y étais préparé, mais dans la panique du moment, je n'ai pas trouvé la feuille de brouillon qui contenait la réponse. Alors je me suis détaché de mes notes et j'ai tout simplement flanché. Cela a bien duré quatre minutes avant que j'arrive à "cracher de force" un a pour lequel ça ne marche pas ! Je ne me suis jamais senti aussi seul au monde... Heureusement que la suite de l'entretien s'est mieux passée.

Jury — Vous avez dit la chose suivante : si $f : I \to \mathbb{R}$ est continue en a et si la suite (u_n) tend vers a, alors la suite $(f(u_n))$ tend vers $f(a)$. Pouvez-vous corriger ?

Candidat — ... Je ne vois pas.

Jury — Comment doit-on choisir la suite (u_n) ?

Candidat — En, effet, il faut rajouter que u_n doit appartenir à I quel que soit n, sinon la suite $(f(u_n))$ n'est pas définie...

Jury — C'est juste.

Jury — A quoi sert ce théorème ?

Candidat — On l'utilise pour montrer que... Heu...

Jury — Pour quelle type de suite on l'utilise ?

Candidat — Ah oui, on l'utilise pour l'étude des suites définies par une relation de récurrence du type $u_{n+1} = f(u_n)$. Il permet de démontrer que si une telle suite converge, sa limite est forcément un point fixe de f.

Jury — Vous avez énoncé : si (u_n) converge, toutes les sous-suites de (u_n) convergent. Pouvez-vous nous dire ce que vous entendez par une sous-suite ?

Candidat — On dit que (v_n) est une sous suite de (u_n) s'il existe une application h strictement croissante de $\mathbb{N}$ dans $\mathbb{N}$ telle que pour tout n, $v_n = u_{h(n)}$.

Jury — Et avez-vous une idée de la démonstration de votre proposition ?

Candidat — Oui. Soit $a > 0$. Puisque (u_n) converge, on a $|u_n - l| < a$ à partir d'un certain rang, mais pour tout $n \in \mathbb{N}$, $h(n) \geq n$ (cela se démontre par récurrence). Donc...

Jury — C'est bon, arrêtez.

Jury — Pensez vous qu'on puisse mettre une équivalence sur votre proposition ?

Candidat — Oui, en fait, pour l'inclusion réciproque, on n'a même pas besoin de la convergence de toutes les sous suites : il suffit que les sous-suites des termes pairs et des termes impairs convergent vers la même limite pour conclure. J'aurais donc pu mettre une équivalence.

Jury — Tiens, en parlant de suites de termes pairs et impairs, connaissez-vous une autre famille de suites convergentes à laquelle on pourrait penser ?

Candidat — Heu... les séries alternées ? Ou du moins, la suite des sommes partielles associée à une série alternée ? Ce n'est pas à ce que vous faites allusion ?

Jury — ... Non, je pensais à deux suites...

Candidat — Ah, il s'agit des suites adjacentes !

Jury — Oui, définissez-les.

Candidat — Deux suites sont adjacentes si elles sont monotones, de monotonies différentes et la différence des deux est une suite qui converge vers 0.

Jury — Oui. On va s'arrêter là. On se charge d'effacer le tableau et on garde vos transparents. Vous n'en n'avez qu'un ?

Candidat — En fait je n'en ai présenté qu'un, celui où j'ai mis le titre, le plan, les prérequis, car les deux heures se sont écoulées avant que je termine, mais j'en avais commencé un autre, où je souhaitais mettre toutes les démonstrations des opérations algébriques. J'ai eu juste le temps d'écrire la démonstration de $\lim(u_n v_n) = ll'$ et $\lim(au_n) = al$...

Jury — Eh bien nous les gardons, on les regardera.

Candidat — Merci.

Jury — Bonne journée.

Candidat — Merci, bonne fin de journée.

3.1.2 Nombres complexes

Voici mon Oral 2 : l'épreuve sur dossier. Aïe, ça fait mal ! Sur le dossier distribué aux candidats (cf. p. 117), il était demandé de résoudre deux questions de l'exercice du jury qui était un QCM. J'ai commis une erreur sur ma fiche mais j'ai pu la corriger au tableau avec l'aide du jury. Cela m'a tout de même pris deux minutes !

J'ai situé l'exercice du jury en TS enseignement obligatoire, mais pendant mon exposé, je me suis rendu compte que j'avais traité une des questions en utilisant des congruences, et que les congruences faisaient partie du programme d'enseignement de la spécialité. J'ai donc précisé aux membres du jury, toujours dans l'exposé, qu'il suffisait de bannir le mot congruence pour se retrouver en TS obligatoire, ce qu'ils ont eu l'air d'approuver.

Et ce que je craignais le plus arriva :

Jury — Vous avez dit qu'on peut résoudre la question sans utiliser les congruences, mais si on voulait les utiliser...

Candidat — Hé bien... [La suite est pitoyable, en gros, je n'ai pas réussi à le faire, alors que c'est moi qui avais prononcé ce mot, et que l'on pouvait tout à fait se passer des congruences, et que je déteste les congruences ! Ils ont fini par laisser tombé au bout de bien trois minutes. Pff !]

Jury — Vous avez coché l'inclusion dans un cercle comme bonne réponse. Etudiez l'inclusion réciproque.

J'ai répondu (à juste titre) qu'on ne pouvait pas montrer l'inclusion réciproque car pour des questions d'orientation, on perdait une partie du cercle, la réponse était donc un demi cercle. Ils ont répondu affirmativement.

Jury — Résolvez votre exercice...

Dossier du 1er juillet 2010

Thème : Nombres complexes

1. L'exercice proposé au candidat

Pour chaque question, une seule des 4 propositions est exacte. Cochez pour chacune d'elle la bonne réponse sans justification.

1) Soit $z \in \mathbb{C}$ vérifiant $\overline{z} + |z| = 6 + 2i$. L'écriture algébrique de z est :

☐ $\frac{8}{3} - 2i$ ☐ $-\frac{8}{3} - 2i$ ☐ $\frac{8}{3} + 2i$ ☐ $-\frac{8}{3} + 2i$

2) Dans le plan complexe, l'ensemble des points M d'affixe $z = x + iy$ vérifiant $|z - 1| = |z + i|$ est la droite d'équation :

☐ $y = x - 1$ ☐ $y = -x$ ☐ $y = -x + 1$
☐ $y = x$

3) Soit n un entier naturel. Le nombre $(1 + i\sqrt{3})^n$ est réel, si et seulement si, n s'écrit sous la forme

☐ $3k + 1$ ☐ $3k + 2$ ☐ $3k$ ☐ $6k$

4) Soit l'équation (E) : $z = \dfrac{6 - z}{3 - z}$ $(z \in \mathbb{C})$. Une solution de (E) est :

☐ $-2 - \sqrt{2}i$ ☐ $2 + \sqrt{2}i$ ☐ $\sqrt{3} + i$
☐ $\sqrt{3} + 2i$

5) Dans le plan complexe, A et B étant les points d'affixes respectives $z_A = -2$ et $z_B = 2i$, l'ensemble des points M d'affixe $z = x + iy$ vérifiant la relation $\arg\left(\dfrac{z+2}{z-2i}\right) = \dfrac{\pi}{2}$ est inclus dans :

☐ La droite d'équation $y = -x$ ☐ Le cercle de centre $I(1 + i)$ et de rayon $R = \sqrt{2}$
☐ La droite d'équation $y = x$ ☐ Le cercle de diamètre $[AB]$

2. Le travail demandé au candidat

> En aucun cas , le candidat ne doit rédiger sur sa fiche sa solution de l'exercice. Celle-ci pourra néanmoins lui être demandée partiellement ou en totalité lors de l'entretien avec le jury

Le candidat rédigera sur ses fiches :

◇ une justification des réponses aux questions 3) et 5) du QCM ;

◇ un ou plusieurs exercices se rapportant au thème « **Nombres complexes** ».

Le candidat présentera au jury :

◇ le contenu de ses fiches ;

◇ pour chaque item de ce QCM, les méthodes et les savoirs mis en jeu pour trouver la réponse exacte.

Hé oui, je n'en ai donné qu'un... De plus, j'ai complètement oublié de dire dans mon exposé pourquoi je l'avais choisi alors que j'avais bien préparé mon speech... Ah stress, quand tu nous tiens ! J'ai aussi oublié de dire qu'en imposant certaines méthodes (par exemple l'utilisation des similitudes) on passait du programme de TS obligatoire à celui de la spécialité.

J'avais proposé l'exercice classique consistant à se donner un triangle quelconque ABC, à construire deux triangles rectangles isocèles directs à l'extérieur du triangle ABC, puis à montrer que deux segments sont perpendiculaires et que l'un mesure deux fois plus que l'autre. J'ai bien entendu oublié de préciser qu'il existait des variantes avec des carrés ou des triangles équilatéraux à la place des triangles rectangles isocèles.

Finalement, j'ai résolu mon exercice en présentant une seule méthode, alors que j'en avais préparé deux... Bravo !

Mon seul réconfort est qu'en parlant à d'autres candidats, et en comparant avec les oraux auxquels j'ai assisté, j'ai constaté que beaucoup d'entre nous avaient oublié de dire les jolies phrases qu'ils avaient préparées. Tant mieux : cela montrait que tout le monde avait le même problème.

3.1.3 Impression générale donnée par le candidat

J'étais "prêt". On n'est jamais prêt, mais on se comprend. Je n'ai donc pas de regret du style : "Ah si j'avais fait ceci ou cela !". Bien sûr j'ai fait beaucoup d'erreurs au moment de l'oral même, mais ceci n'a rien à voir avec la préparation. Je pense que je me suis défendu, pas comme un lion, mais avec suffisamment d'à propos et sans tomber dans le ridicule, ça, j'en suis à peu près sûr. Curieusement, malgré les nombreuses erreurs que j'ai commises, j'ai vu pire dans les oraux auxquels j'ai assisté.

A l'oral 1 comme à l'oral 2,

> *le jury est patient, beaucoup plus que les professeurs du secondaire de manière générale.*

Il ne cherche pas à nous enfoncer. On dirait presque parfois qu'ils feraient tout pour nous donner un point de plus, mais que c'est nous qui le refusons.

Je constate que le stress provoque une grande distorsion entre ce qu'on avait prévu de dire et ce qu'on présente réellement. Je comprends mieux aujourd'hui les hésitations et les erreurs des candidats relatées un peu partout dans la littérature... Il ne s'agit pas de lacunes, mais de stress à l'état pur.

> *Quand une réponse ne vient pas après vingt secondes de réflexion, la minute qui suit n'a rien à voir avec une minute de réflexion.*

C'est une minute où l'on se dit intérieurement "Zut, c'est foutu!", et où l'on attend le jury en ait assez et passe à autre chose. Vingt secondes ou cinq minutes, c'est la même chose ! Autant que cela se termine le plus vite possible !

3.1.4 Commentaires

Je suis d'accord avec le candidat : on peut se passer du théorème qui s'énonce : si $u_n \leq v_n$ et si (u_n) et (v_n) tendent respectivement vers l et l', alors $l \leq l'$.. Ce n'est pas le résultat le plus important dans cette leçon, et l'on dispose de peu de temps pour parler de choses importantes. Il n'y a pas obligation à être complet à tout prix. D'ailleurs le jury n'en a pas parlé, ce qui était un bon signe.

Par contre, savoir démontrer l'unicité de la limite est primordial. Le fait de rester quatre minutes pour montrer que $l = l'$ sachant que $|l - l'| < a$ pour tout $a > 0$ aurait pu coûter cher. La suite de l'entretien à fait oublier cette première difficulté.

Pour l'oral 2, il n'y a pas eu d'attaques violentes sur l'exposé (à part pour les congruences), et le candidat a bien géré l'entretien. Je suis totalement d'accord avec lui quand il dit qu'il constate que le stress provoque une grande distorsion entre ce qu'on avait prévu et ce qu'on présente. C'est vrai pour tout le monde. L'oral, c'est du direct : on cherche à dire un texte et ensuite on doit improviser. C'est à ce moment qu'on a besoin d'être le plus entraîné possible pour se ressaisir, comme on peut, et réunir ses connaissances. Ce sont seulement les connaissances que l'on aura revues plusieurs fois et assimilées qui pourront revenir à l'esprit quand on est assailli de questions au tableau, en pleine action...

3.2 Compte rendu n°2

3.2.1 Première épreuve orale

Concernant la préparation, j'avais travaillé les leçons sur vos quatre ouvrages de préparation à l'oral 1 pendant trois courtes semaines, tout simplement parce que le CAPES n'était pas ma priorité cette année, puisque je devais avant tout terminer mon M1.

Je n'avais fait aucune impasse sur les thèmes du programme, mais je n'avais évidemment pas eu le temps d'approfondir toutes les leçons. Je pense que j'en "maîtrisais" vraiment une vingtaine, et que j'en "connaissais" une petite trentaine de plus. J'avais quelques idées sur les autres leçons grâce aux fiches que j'avais réalisées à partir de la lecture de vos ouvrages.

Pour compléter ma préparation, je me suis énormément appuyé sur votre ouvrage concernant les séances de TD 2009-2010 (une des plus grandes aides), et je suis monté à Paris trois jours avant la date fatidique afin de repérer les lieux, et assister aux oraux en tant que visiteur, pour me faire une idée concrète de l'épreuve.

J'ai trouvé le jury relativement bienveillant : sur les quatre oraux auxquels j'ai assisté, aucune question ne m'a paru déplacée ou hors de portée. Le jury cherchait bien souvent à corriger le candidat, et ceci fait, à élever de plus en plus le niveau pour constater sa maîtrise du sujet... C'est à peu de chose près ce que je m'imaginais des entretiens.

Puis est venu le jour fatidique. Arrivé à l'heure à ma convocation, une demi-heure plus tard je me trouvais avec les candidats en salle de préparation. Un membre du jury nous a exposé le déroulement de l'épreuve, puis vint le moment du tirage au sort. Pour moi, pas de mauvaise surprise, le couplage 20/40[3] comportait une leçon que j'aimais bien : j'ai opté pour les racines n-ièmes d'un nombre complexe. J'avais votre plan parfaitement en tête, et je l'ai à peu près suivi :

I. Premières définitions et exemple des racines carrées.

II. Groupe des racines n-ièmes de l'unités.

III. Racines n-ièmes d'un nombre complexe.

IV. Applications avec des sommes et des produits de sinus, résolution d'équations du second degré à coefficients complexes, et construction du Pentagone régulier.

Honnêtement, le tutorat d'algèbre 1 suivi cette année dans ma faculté m'a beaucoup servi, et toutes les démonstrations me sont revenues naturellement. Une fois le contenu de la leçon achevé, j'ai préparé deux transparents : un introductif, avec les prérequis et le plan, puis un autre comportant la figure du pentagone, et laissant apparents les traits des constructions.

Devant le jury, tout s'est plutôt bien passé malgré la chaleur écrasante dans la salle. Mes notes posées sur la table (je ne les ai consultées que deux ou trois fois), j'ai réussi à exposer à peu près tout ce que j'avais prévu de dire mis à part les applications que j'ai juste eu le temps d'évoquer. J'ai énoncé les résultats centraux sans plus de détails, préférant les laisser de côté pour l'entretien. Les 25 minutes d'exposé sont définitivement trop courtes !

Voici les questions que le jury m'a posées :

[3]La leçon 20 portait sur les nombres complexes, tandis que la leçon 40 demandait de rechercher les isométries planes conservant un carré, un losange, un parallélogramme ou un rectangle.

Jury — Vous avez voulu montrer que U_n était structuré en groupe. Mais qu'avez-vous montré en fait ?

Candidat — Que U_n était un sous-groupe de $(\mathbb{C}^*, x)$: c'est un ensemble non vide, stable par produit et par inverse.

Jury — Relisez-vous...

J'avais montré que l'ensemble des complexes de module 1 était un sous-groupe ! Le stress du tableau probablement : j'ai immédiatement corrigé.

Jury — Vous nous avez montré que $U_n = \{w_k \,/\, 0 \leq k \leq n-1\}$, et pourtant en parlant des inverses de w_k, vous écrivez w_{-k}. Etes-vous sûr de votre résultat précédent ?

J'ai a nouveau insisté sur le fait que $w_k = w_l$ si et seulement si k était congru à l modulo n, et que l'on pouvait aussi choisir $n - k$ pour l'indice de l'inverse de w_k.

Jury — Faites un dessin des racines n-ièmes pour n valant 3, 4...

J'ai ajouté alors une propriété oubliée dans mon exposé : si n est pair, il y a symétrie par rapport à O.

Jury — Pouvez vous calculer les sommes et produits de votre application ?

(...)

Jury — Expliquez comment construire un pentagone régulier ?

(...)

Jury — Etes-vous sûr que la résolution des équations de degré 2 à sa place dans cet exposé ?

Bien que la question soit plutôt négative, j'ai insisté sur le fait que la méthode reposait sur le même principe que celui de première S, qu'en terminale on l'étend au cas où $\Delta < 0$ grâce à l'introduction des complexes, et qu'une fois les racines carrées complexes vues en cours (il s'agit seulement de racines 2-èmes d'un complexe), la résolution et les formules mises en jeu étaient les mêmes !

Jury — Montrer que l'isobarycentre du polygone régulier dont les sommets sont les images des racines n-ième de l'unité est O.

Je fais alors référence à la leçon dédiée...

Jury — Et en utilisant des résultats encore écrits au tableau ?

J'écris alors l'affixe de G, et obtient 0.

Jury — "Vous affirmez que votre application de $\mathbb{Z}/n\mathbb{Z}$ dans U_n est bien définie. Pouvez-vous préciser ?

Je réponds qu'une fois que cette fonction est définie, on vérifie que deux représentants dans la même classe permettent d'obtenir la même racine n-ième...

Jury — Peut-être, mais vous vérifiez a posteriori que ce que vous avez défini est bien défini ! C'est plutôt maladroit non ? N'y a-t-il pas une autre manière de faire ?

J'écris le morphisme de $\mathbb{Z}$ dans U_n, je rappelle qu'il est surjectif et que son noyau est $n\mathbb{Z}$, ce qui permet d'obtenir un isomorphisme de $\mathbb{Z}/n\mathbb{Z}$ sur U_n par décomposition canonique d'un morphisme de groupes.

3.2.2 Seconde épreuve orale

La seconde épreuve s'est pour moi nettement moins bien passée, notamment au niveau de la préparation, au cours de laquelle j'ai vraiment mal réussi à gérer mon temps.

Le problème du jury, sur l'intégration et la convergence d'une suite définie par une intégrale était d'un niveau terminal, classique (cf. p. 123). Sa résolution ne m'a pas posé de difficulté particulière.

Puis est venu le temps de choisir mes exercices : j'ai opté pour une première activité niveau TS, s'appuyant sur le texte du programme imprimé au verso du sujet (encadrement à l'aide d'un tableur de l'aire définie par une intégrale par la méthode des rectangles). J'ai passé beaucoup de temps sur la machine, à faire une présentation vraiment propre, à tracer le schéma correspondant, etc. Bien trop de temps ! Il ne me restait plus que 5 minutes pour proposer mes autres exercices.

J'ai donc bricolé trois sujets relatifs au calcul intégral : le premier utilisant une intégration par parties, le second utilisant la décomposition en éléments simples, et un dernier proposant de calculer $\sin^4 x$ en linéarisant, histoire de fournir d'autres outils que ceux donnés dans le dossier et d'utiliser des résultats du supérieur en prenant bien soin d'adapter le niveau à une TS...

L'exposé s'est en lui-même plutôt bien déroulé, mais la phase d'entretien m'a laissé perplexe. Les questions tournaient principalement autour de la définition de l'intégrale en TS, le jury m'a demandé de traiter les deux premières questions du dossier, puis m'a demandé de faire quelques démonstrations :

- Positivité de l'intégrale lorsque la fonction est positive.
- Y a-t-il stricte positivité de l'intégrale si on l'a sur la fonction ?
- Démonstration de la formule d'intégration par parties.

Le temps passe, je réponds aux questions, et vient la fin de l'épreuve et une dernière question : "Pouvez vous nous donner sans détail les réponses à vos exercices ?". Je ne les avais pas faute de temps au cours de la préparation, mais je me suis dis prêt à les résoudre au tableau... Il m'a été répondu : "Ce n'est pas ce que je vous demande".

Dossier du 3 juillet 2010

Thème : Intégration

1. L'exercice proposé au candidat

On considère la fonction numérique f de la variable réelle x définie sur l'intervalle $[0, +\infty[$ par :

$$f(x) = \sqrt{x}\, e^{1-x}$$

1) On considère la fonction F définie sur $[1, +\infty[$ par $F(x) = \displaystyle\int_1^x f(t)dt$

1.a) Démontrer que, pour tout réel t positif on a : $t + 2 \geqslant 2\sqrt{2}\sqrt{t}$

1.b) En déduire que, pour tout $x \in [1, +\infty[$, on a : $F(x) \leqslant \dfrac{1}{2\sqrt{2}} \displaystyle\int_1^x (t+2)e^{1-t}dt$

1.c) À l'aide d'une intégration par parties, montrer que, pour tout $x \in [1, +\infty[$, on a :

$$\int_1^x (t+2)e^{1-t}dt = 4 - (x+3)e^{1-x}$$

1.d) En déduire que, pour tout $x \in [1, +\infty[$ on a : $0 \leqslant F(x) \leqslant \sqrt{2}$.

2) On considère la suite (u_n) définie pour tout entier naturel n non nul par :

$$u_n = \int_n^{n+1} f(t)dt.$$

Pour tout entier naturel n supérieur ou égal à 2, on note S_n la somme des $n-1$ premiers termes de la suite (u_n). Exprimer S_n à l'aide d'une intégrale. Montrer que la suite (S_n) converge et donner un encadrement de sa limite.

2. Le travail demandé au candidat

En aucun cas , le candidat ne doit rédiger sur sa fiche sa solution de l'exercice. Celle-ci pourra néanmoins lui être demandée partiellement ou en totalité lors de l'entretien avec le jury

Le candidat rédigera sur ses fiches :

◇ sa réponse à la question 2) ;

◇ un ou plusieurs exercices se rapportant au thème « **Intégration** ».

Le candidat présentera au jury :

◇ le contenu de ses fiches ;

◇ les méthodes et les savoirs mis en jeu dans l'exercice.

Voilà pour mon expérience, je suis dans l'ensemble content de ma première épreuve (mon tirage était excellent), mais réservé pour la seconde. J'ai oublié de préciser que le (ou la) charmant(e) candidat(e) qui avait emprunté la calculatrice Classpad avant moi l'avait totalement déréglée, et avait effectué un mauvais calibrage rendant l'utilisation de l'écran tactile impossible et une mise à zéro du contraste (l'écran était quasi-illisible). Heureusement que je connaissais bien la calculatrice ! Cela a quand même occasionné une perte de temps supplémentaire dans une préparation où le temps m'a cruellement manqué. Ce sont les aléas d'un concours...

3.2.3 Commentaires

Voilà qui permet d'imaginer ce qui ce passe pendant les oraux.

On peut noter la dernière demande d'un membre du jury dans la seconde épreuve : il ne reste que quelques minutes d'entretien, et l'on demande au candidat de donner rapidement les réponses aux exercices qu'il a proposés, pour savoir s'il les a vraiment résolus pendant les heures de préparation.

Voilà pourquoi :

a) Il faut limiter le nombre d'exercices présentés, et ne retenir que ceux qui apportent quelque chose à l'exposé.

b) Il ne faut pas hésiter à utiliser des livres d'exercices résolus pendant sa préparation en salle, par exemple des livres d'annales corrigées du BAC. On peut alors rapidement compléter son panel d'exercices avec un ou deux exercices corrigés et noter les réponses sur une de ses feuilles pour les lire au jury s'il le demande. Attention : cela ne signifie pas qu'il faille présenter des exercices que l'on serait incapable de résoudre au tableau...

3.3 Compte rendu n°3

C'était la troisième fois que je passais des oraux de CAPES. Ce fut pourtant la première fois où je me suis sentie suffisamment à l'aise pour ne pas paniquer et arriver à écouter attentivement les questions du jury, à l'exception de celles posées à la fin de l'épreuve.

Mes réactions ont été meilleures, sans doute grâce à mon expérience des oraux et au fait que je maîtrisais mieux les sujets sur lesquels je suis tombée.

3.3.1 Première épreuve orale

Le premier oral portait sur les nombres premiers, la décomposition en facteurs premiers, et l'infinitude de l'ensemble des nombres premiers. Je pense que je me suis assez bien débrouillée : j'avais suffisamment travaillé ce thème et les questions que le jury m'a posées n'étaient pas trop compliquées. Les voici :

Jury — Reprenez la démonstration du lemme "tout nombre premier est premier avec les entiers qu'il ne divise pas", car nous n'avons pas bien compris ce que vous avez voulu dire. Vous avez été trop rapide à cet endroit.

J'ai repris la démonstration que j'avais faite, mais plus attentivement.

Jury — Démontrez le lemme correspondant au critère d'arrêt pour la recherche des nombres premiers. Savez-vous le démontrer ?

J'ai essayé mais je ne suis pas arrivée. J'ai essayé en utilisant une contraposée : j'ai supposé que p n'était pas premier. J'ai écrit au tableau que si p n'est pas premier, alors il existe un entier naturel a distinct de 1 et de p qui divise p, donc il existe des entiers naturels a et b tels que $p = ab$. Là je suis restée bloquée. Le jury m'a finalement donné la réponse.

Jury — Le nombre 2011 est il premier ? Quel est le nombre premier qui arrête l'algorithme permettant de montrer que 2011 est premier ? Vous pouvez utiliser la calculatrice.

J'ai utilisé la calculatrice pour trouver une valeur approchée de la racine carré de 2011. Cela m'a donné $44,844...$ Mais je ne voyais pas comment conclure. Le jury m'a conseillé d'utiliser le crible d'Eratosthène que j'avais présenté sur un transparent, ce qui m'a permis de répondre : 43.

Jury — Avez-vous programmé quelque chose sur la calculatrice ? Sinon savez-vous écrire un programme ?

Je ne savais pas vraiment mais j'ai quand même essayé. La calculatrice m'a indiqué que le programme était invalide.

Jury — Ecrivez l'algorithme ou le programme au tableau...

Je me suis lancée. J'ai oublié un point important puis j'ai retrouvé ce qui me manquait.

3.3.2 Seconde épreuve orale

Le deuxième oral portait sur les nombres complexes (cf. p. 117). C'était un QCM. Je n'ai pas trouvé qu'il était compliqué. J'ai pu facilement répondre aux questions en hésitant un peu sur le modulo π ou 2π des angles orientés. J'ai pu m'en sortir car le jury m'a demandé de tracer un cercle de diamètre $[AB]$, de placer un point M sur ce cercle, puis de décider de quel angle $\widehat{AMB}$ on devait parler. Je me suis aidé du théorème de l'angle inscrit et donc j'ai pu répondre.

J'ai proposé trois exercices :

(1) Le premier consistait à déterminer l'ensemble des points M d'affixes z tels que $|z+a|/|z+b| = k$ où a, b et k étaient donnés. Les outils utilisés étaient le produit scalaire et les barycentres.

(2) Le deuxième parlait du triangle de Napoléon où l'on utilise des transformations du plan, essentiellement des rotations, et leurs expressions complexes.

(3) Le troisième faisait intervenir des similitudes.

Voici quelques questions qui m'ont été posées :

Jury — Soit $g_a : z \mapsto iaz + 2$ où a est un réel non nul. Quelle est la nature géométrique de la transformation g_a ? Quelles sont ses caractéristiques ?

J'ai répondu correctement à cette première question. Le jury m'a alors posé plusieurs questions sur les similitudes de manière générale.

Jury — Quel est l'ensemble des points M d'affixes $2/(1 - ia)$ lorsque a parcourt l'ensemble des réels privé de 0.

J'ai pu rechercher la solution au tableau.

Jury — Pouvez-vous donner la solution de l'exercice 3 de votre liste.

Je n'ai pas su répondre. J'avais bien proposé cet exercice mais je n'avais pas eu le temps d'en chercher une solution pendant mes deux heures de préparation. J'ai essayé de faire quelque chose au tableau, mais sans succès...

Jury — Passons à autre chose. Pouvez-vous corriger un autre exercice parmi ceux que vous avez présenté ?

J'ai choisi de revenir sur le théorème de Napoléon, et j'ai bien répondu, heureusement !

Jury — Connaissez-vous une condition nécessaire et suffisante utilisant le nombre complexe j pour qu'un triangle direct soit équilatéral ?

J'ai répondu affirmativement : un triangle direct ABC est équilatéral si et seulement si $a + bj + cj^2 = 0$. Cela a mis fin aux oraux.

3.4 Compte rendu n°4

La candidate a suivi une formation à l'IUFM, et dit elle-même qu'elle ne faisait pas partie des meilleurs du groupe, loin de là. Pourtant ses épreuves se sont très bien déroulées. Ce témoignage peut ainsi encourager de futurs candidats et montrer que les voies de la réussite sont impénétrables, et qu'il est bon de se préparer au mieux et de tenter sa chance : quels sujets tomberont à l'oral, quelles seront les questions du jury, sera-t-il commode... Il faut y aller pour voir !

3.4.1 Première épreuve orale

Le tirage au sort m'a donné le choix entre la leçon 8 sur les séries statistiques à deux variables numériques et la leçon 70 sur les fonctions logarithmes, deux leçons que je connaissais plutôt bien. J'ai choisi la n°70. J'ai retrouvé le plan de la leçon tel que je l'avais préparé, c'est-à-dire en introduisant la fonction logarithme népérien comme la primitive de la fonction inverse. Le plan était tout ce qu'il y a de plus classique :

Niveau : Terminale S

Prérequis :

- Fonctions dérivées (lien entre les variations d'une fonction dérivable et le signe de sa dérivée, dérivée d'une fonction composée, ...)
- Théorème fondamental de l'analyse.

Cadre : Equation fonctionnelle $f(xy) = f(x) + f(y)$ $(*)$.

I. Fonction logarithme népérien.
  1) Définition et premières propriétés.
  2) Fonctions vérifiant l'équation fonctionnelle.
  3) Limites et représentation graphique.

II. Fonctions logarithmes de base a ($a > 0$, a différent de 1).
  1) Définitions et premières propriétés.
  2) Fonctions vérifiant l'équation fonctionnelle.
  3) Limites et représentations graphiques.

III. Applications.
  1) En chimie : notion de pH.
  2) Fonction exponentielle.
  3) Comparaison des suites géométriques $(a^n)_{n\in\mathbb{N}}$ et des suites puissances.

J'ai passé beaucoup de temps sur la partie I que j'ai achevée en présentant un transparent où figurait le tableau de variations et la représentation graphique de la fonction logarithme népérien. J'ai moins écrit pour la deuxième partie (par manque de temps) et j'ai oublié de montrer le transparent sur lequel j'avais dessiné les fonctions logarithmes de base 2 et 1/2.

Quand je suis passée aux applications, le jury m'a annoncé qu'il me restait deux minutes. J'ai donc juste écrit les titres et expliqué rapidement à l'oral.

Dans mon exposé, j'avais démontré les propriétés suivantes : pour tous réels a et b strictement positifs, $\ln(ab) = \ln(a) + \ln(b)$, $\ln(1/a) = -\ln(a)$, et pour tout rationnel r $\ln(a^r) = r\ln(a)$, ainsi que le théorème : les fonctions dérivables vérifiant l'équation fonctionnelle $(*)$ sont la fonction nulle et les fonctions définies sur $\mathbb{R}_+^*$ par $f(x) = k\ln(x)$ où $k \in \mathbb{R}^*$. A part le problème de gestion du temps, j'étais plutôt contente de la leçon telle que je l'avais présentée.

Voilà ce qui me revient de l'entretien :

a) Le jury m'a demandé des précisions sur les notations de la première démonstration (a doit être un réel strictement positif).

b) Le jury m'a demandé de revoir le raisonnement dans cette démonstration, à partir de "la dérivée est nulle donc la fonction est constante". Ils voulaient que je précise "la dérivée est nulle sur un intervalle". Pour cela, ils m'ont donné l'exemple d'une fonction constante égale à -1 pour tout $x \leq 0$ et constante égale à 1 pour tout $x > 0$. J'ai d'abord parlé de continuité, puis j'ai compris qu'il fallait que je parle d'intervalles !

c) Le jury m'a demandé de reprendre la fin de la démonstration du théorème que je n'avais pas détaillée : j'étais arrivée à une fonction de la forme $k \ln x + cte$ et j'avais dit rapidement que la constante était nécessairement nulle. Ils ont donc voulu que j'explique pourquoi cette constante était nulle. J'ai proposé de remplacer la solution trouvée dans $(*)$ mais je me suis embrouillée. Je pensais qu'il fallait prendre deux constantes différentes pour $f(x)$ et $f(y)$. Finalement, le jury m'a aidé et je m'en suis sortie.

d) Le jury m'a ensuite demandé de parler de la recherche des limites de $\ln x$ et $\ln x/x$ lorsque x tend vers $+\infty$. Je n'ai pas eu de mal à répondre à la seconde question. J'ai parlé de la comparaison avec la fonction racine carrée, puis de l'intégration des deux membres de l'inégalité : les membres du jury ont acquiescé. Pour la limite du logarithme à l'infini, je savais qu'il fallait utiliser le fait que $\mathbb{R}$ est archimédien mais je n'ai pas réussi à retrouver la démonstration même avec leurs indications.

e) 3^{100} est un grand nombre. Comment savoir combien il possède de chiffres ? J'ai parlé d'utiliser peut-être le logarithme décimal. Ils étaient d'accord et m'ont mis sur la voie : encadrer un nombre à 4 chiffres puis un nombre à p chiffres. On applique ensuite la fonction log et tout va bien. L'entretien s'est terminé sur cette question.

Remarque : Dans ma leçon, j'avais insisté sur l'exposant rationnel dans $\ln(a^r)$ et j'avais parlé des exposants réels dans la partie contenant les applications (après avoir introduit l'exponentielle de base a, on peut prolonger la notation...). Je voulais tant qu'ils m'interrogent là-dessus, mais il en a été autrement.

3.4.2 Seconde épreuve orale

En Oral 2, je suis tombée sur la géométrie dans l'espace.

L'exercice du jury était un QCM de terminale S (cf. p. 130). Il ne m'a pas posé de problème. Comme c'était de la géométrie traitée de façon analytique, j'ai voulu choisir des exercices avec des intersections de droites et de plans mais sans équations. J'en ai choisi un facile de niveau seconde : on avait un cube et un point distinct des sommets appartenant à une arête. Il fallait montrer que deux droites étaient sécantes et deux autres non coplanaires.

En deuxième exercice, j'ai proposé, au niveau de la classe de troisième, de travailler sur une pyramide dont on a fait une section parallèle à la base. Le but de l'exercice était de montrer que l'aire de la section n'était pas proportionnelle au rapport de réduction x. Pour cela on calculait l'aire en fonction de x, on remplissait un tableau de valeurs pour des valeurs différentes de x, puis on demandait de placer ces points dans un repère pour conclure. J'ai hésité sur cet exercice, car je me demandais s'il correspondait vraiment au thème ?

J'ai présenté les deux justifications demandées (qui étaient rédigées sur mes fiches) puis les méthodes et savoirs utilisés pour chaque item du QCM. Je suis ensuite passée à la présentation de mes exercices (j'avais dessiné la pyramide sur un transparent et j'ai tracé le cube à main levée au tableau).

Voici l'entretien :

a) On m'a en effet posé la question que je craignais : quel était l'intérêt de ce deuxième exercice et en quoi rentrait-il dans le thème. J'ai répondu qu'il permettait de faire travailler sur la notion d'agrandissement-réduction et qu'on voyait des sections de solide par rapport à leur base dès la troisième (et que l'on verrait d'autres types de sections en seconde).

b) Ensuite, le jury m'a demandé de résoudre le premier exercice que j'avais proposé en supposant qu'ils étaient une bonne classe, donc à l'oral seulement. Cela a été rapide.

c) Le jury m'a demandé mes réponses au QCM sans les justifier.

d) La dernière question du QCM concernait l'intersection de deux plans. J'ai justifié qu'ils étaient sécants. On m'a alors demandé de donner une représentation paramétrique de la droite D d'intersection. J'ai dit qu'on pouvait choisir une des coordonnées comme paramètre et écrire les deux autres en fonction de celle-ci. On a insisté en me disant : "N'importe laquelle ?". J'ai répondu que oui, et l'on m'a dit : "Et si je choisis y ?". En effet, les calculs ne marchaient pas avec y. En choisissant une autre coordonnée comme paramètre, on pouvait résoudre un système de deux équations à deux inconnues.

e) Le jury m'a demandé de donner un vecteur directeur de la droite D sans passer par sa représentation paramétrique, avec une indication : la possibilité d'utiliser un outil que l'on n'étudie pas en Terminale S. J'ai dit qu'on pouvait utiliser les vecteurs normaux des deux plans et que le vecteur directeur de la droite d'intersection allait leur être orthogonal. Ils m'ont priée de faire un dessin. Ceci fait, j'ai pensé au produit vectoriel. Ils ont acquiescé et m'ont remerciée.

Dossier du 10 juillet 2010

Thème : Géométrie dans l'espace

1. L'exercice proposé au candidat

Dans cet exercice, les questions sont indépendantes. Pour chaque question, une seule des trois propositions a), b) ou c) est exacte. On demande d'indiquer laquelle, sans justification. L'espace est rapporté à un repère orthonormal $\left(O; \vec{\imath}, \vec{\jmath}, \vec{k}\right)$.

1) Soient A et B deux points distincts de l'espace. L'ensemble des points M de l'espace tels que $\|\overrightarrow{MA}\| = \|\overrightarrow{MB}\|$ est :

   a) l'ensemble vide b) un plan c) une sphère

2) On considère les points $E(0;1;-2)$ et $F(2;1;0)$. Les coordonnées du barycentre G du système de points pondérés $\{(E;1),(F;3)\}$ sont :

   a) $G(6;4;-2)$ b) $G(1{,}5;1;-0{,}5)$ c) $G(0{,}5;1;1{,}5)$

3) Soit d la droite de représentation paramétrique $x = 2-t$; $y = 3t$; $z = -3$, $t \in \mathbb{R}$. On considère les points $A(2;3;-3)$, $B(2;0;-3)$ et $C(0;6;0)$. On a :

   a) $d = (AB)$ b) $d = (BC)$ c) $d \neq (AB)$ et $d \neq (BC)$ et $d \neq (CA)$

4) La droite de représentation paramétrique $x = -4t$; $y = 1+3t$; $z = 2+2t$, $t \in \mathbb{R}$, et le plan d'équation $x - 2y + 5z - 1 = 0$ sont :

   a) orthogonaux b) parallèles c) ni orthogonaux ni parallèles.

5) L'ensemble des points tels que $x - y + 2z - 1 = 0$ et $-2x + 4y - 4z + 1 = 0$ est :

   a) l'ensemble vide b) une droite c) un plan

2. Le travail demandé au candidat

En aucun cas, le candidat ne doit rédiger sur sa fiche sa solution de l'exercice.
Celle-ci pourra néanmoins lui être demandée partiellement ou en totalité lors de l'entretien avec le jury.

Le candidat rédigera sur ses fiches :

- une justification des réponses aux questions 3) et 4) du QCM ;
- un ou plusieurs exercices se rapportant au thème « **Géométrie dans l'espace** ».

Le candidat présentera au jury :

- le contenu de ses fiches ;
- pour chaque item de ce QCM, les méthodes et les savoirs mis en jeu pour trouver la réponse exacte.

J'ai trouvé le jury très sympathique. Isl n'essayaient pas de déstabiliser les candidats, tout au contraire. Cela m'a aidé à me sentir à l'aise et à m'exprimer clairement. J'ai obtenu $17,40$ à l'oral 1 et 15.20 à l'oral 2.

Je précise que j'avais commencé à préparer l'oral très tôt dans l'année en choisissant quelques leçons qui me paraissaient utiles pour l'écrit, et que j'ai ensuite, après l'écrit, travaillé les leçons par thèmes en essayant d'en voir le maximum. Quant à l'oral 2, j'ai pu travailler sur des sujets à l'IUFM. Seule, j'ai juste trouvé le temps de consulter régulièrement mes manuels et quelques livres spécialisés sur l'épreuve sur dossiers. Je n'étais pas en tête de classe et pourtant mes épreuves se sont très bien déroulées, comme quoi avec du travail et un peu de chance (sur le tirage), tout est possible !

3.5 Compte rendu n°5

Voici un compte rendu détaillé des épreuves orales passées par M. Geoffroy Laboudigue le 11 juillet 2010.

3.5.1 Première épreuve orale

J'ai passé les oraux à la mi-juillet. A la première épreuve orale, j'ai dû choisir entre "Module et argument d'un nombre complexe" et "Relations métriques et trigonométriques dans un triangle quelconque. Applications". J'ai choisi sans hésiter la géométrie car je n'aime pas vraiment les complexes.

J'ai donc appliqué le plan convenu : théorème de la médiane, théorème d'Al Kashi, formule des sinus et deux applications dont la formule de Héron.

J'ai tout de suite retrouvé la magnifique preuve d'Al Kashi avec les carrés construits sur les côtés d'un triangle. Quant aux autres, ce fut le blanc complet. Puis en me rappelant des méthodes : le produit scalaire pour démontrer le théorème de la médiane et le théorème de l'angle inscrit pour la formule des sinus, je suis retombé sur mes pattes et j'ai pu fignoler ma leçon dans le temps imparti.

Après tout va très vite. En moins de trois minutes on se retrouve devant le jury : "Eh bien, monsieur, vous avez choisi la leçon 33", et c'est parti pour 25 minutes de monologue !

C'était la première fois, mes jambes tremblaient, puis très vite je me suis retrouvé dans une situation que j'avais vécue pendant l'année de préparation, et alors tout commence à rouler. J'ai présenté ma preuve d'Al Kashi sur un transparent et cela m'a permis de me retourner devant le jury et de leur parler en face.

Puis est venu le temps des questions :

Jury — La preuve du théorème d'Al Kashi que vous avez présentée, nous allons revenir dessus. Que se passe-t-il si l'un des angles du triangle est obtus ?

Tout de suite je me suis dirigé vers un pan du tableau pour faire un dessin et puis celui qui m'avait posé la question reprit la parole pour me dire :

Jury — Vous voyez la preuve ne fonctionne plus. Vous avez oublié une hypothèse. Il faut que les angles soient aigus.

J'ai acquiescé sans être vraiment convaincu. Il faudra se pencher sur ce cas...

Jury — On va revenir sur la formule des sinus. Vous n'avez pas exposé la preuve (je ne l'avais pas complètement présentée, en effet) mais vous nous avez dit que vous aviez une idée.

Candidat — Oui, je sais qu'elle se démontre avec le théorème de l'angle inscrit.

Jury — On utilise effectivement ce théorème pour en montrer une partie. On va retrouver la partie de la formule avec les aires.

Je dessine donc un triangle au tableau.

Jury — Comment calculez-vous l'aire du triangle ABC ?

Candidat — L'aire d'un triangle est le produit de la base par la hauteur associée, divisé par 2 ([4]).

Jury — Que pouvez-vous utiliser comme outils pour exprimer la hauteur ?

Candidat — Le théorème de Pythagore.

Jury — Par exemple oui.

Je m'exécute et écris les relations, j'enchaîne en m'appuyant sur le jury quand j'ai un petit doute. J'ai très rapidement retrouvé la preuve et nous sommes passés à autre chose.

Jury — On va maintenant revenir sur la formule de Héron. Je suppose que vous n'avez pas retrouvé la preuve de ce théorème ?

Candidat — Si, si, je la connais mais elle est très calculatoire, je ne l'ai donc pas présentée. Mais je peux vous exposer les grandes lignes. J'ai commencé à écrire les premières étapes du calcul en expliquant qu'on se sert de la formule des sinus, des relations trigonométriques entre sinus et cosinus, du Théorème d'Al Kashi, et qu'il suffit de reconnaître des carrés. Après quelques lignes de calculs on retombe sur nos pattes.

Jury — Très bien.

---

[4] J'insiste sur le fait de parler de la "hauteur associée". C'est un détail mais, pendant l'entretien, il m'a bien semblé que le jury avait apprécié cette précision.

Jury — Dans vos notations vous écrivez des angles géométriques mais dans ce que vous avez exposé vous avez recours à des angles de vecteurs. Est-ce la même chose ?

Après une longue hésitation j'ai répondu oui, mais sans grande conviction. Le jury a acquiescé et est passé à autre chose.

Jury — Comment appelle-t-on des triangles qui ont leurs côtés de même mesure ?

Candidat — Des triangles isométriques

Jury — Connaissez-vous des caractérisations des triangles isométriques ?

J'ai donné les deux cas d'isométrie en m'appuyant sur un dessin.

Jury — Peut-on calculer les données manquantes, côtés angles ?

J'ai réfléchi quelques instants... J'ai répondu que oui : utilisation combiné de la formule des sinus et du Théorème d'Al Kashi, on y arrive. J'ai précisé les calculs à faire dans les cas particuliers que le jury m'a demandé de traiter. Le jury a acquiescé et j'ai terminé mon entretien là-dessus.

3.5.2 Seconde épreuve orale

A l'Oral 2, je suis tombé sur le dossier "Divers type de raisonnement" (cf. p. 134). L'exercice proposé consistait en un regroupement de quatre assertions sur le thème de l'analyse : il fallait dire lesquelles étaient vraies ou fausses, et justifier ses choix dans tous les cas. Il fallait aussi rédiger la solution des questions 2 et 3 sur la feuille de synthèse.

1. Toute suite numérique non majorée tend vers $+\infty$.

2. La somme d'une suite convergente et d'une suite divergente est une suite divergente.

3. Il existe un nombre réel a et un nombre réel b, tels que :

$$e^{2a} + e^{2b} < 2\sqrt{e^{2a} \times e^{2b}}.$$

4. Il existe une fonction f continue en un point x_0 et non dérivable en x_0.

Pendant ma présentation, j'ai annoncé au jury que j'avais beaucoup réfléchi sur la question 1 mais que je n'avais pas réussi à trouver une réponse qui me satisfaisait (mieux vaut être honnête !). J'ai par contre répondu aux trois autres questions : on pouvait raisonner l'absurde dans la deuxième et la troisième question, et exhiber un contre-exemple pour la dernière.

Jury — Revenons sur la première assertion. Vous avez dit que vous n'avez pas réussi ?

Candidat — J'ai trouvé des cas de suites qui posaient problème, mais avec des hypothèses en plus, et donc cela ne correspondait pas à ce que je voulais avoir.

Jury — Pensez-vous que l'assertion est vraie ?

J'ai hésité une bonne minute, puis j'ai répondu qu'à mon avis elle était fausse.

Dossier du 11 juillet 2010

Thème : Divers types de raisonnement

1. L'exercice proposé au candidat

Les propositions suivantes sont indépendantes. Pour chacune d'elles, préciser si elle est vraie ou fausse en justifiant votre réponse.

1) Toute suite numérique non majorée tend vers $+\infty$.
2) La somme d'une suite convergente et d'une suite divergente est une suite divergente.
3) Il existe un nombre réel a et un nombre réel b, tels que $e^{2a} + e^{2b} < 2\sqrt{e^{2a} \times e^{2b}}$.
4) Il existe une fonction f continue en un point x_0 et non dérivable en x_0.

2. Le travail demandé au candidat

En aucun cas , le candidat ne doit rédiger sur sa fiche sa solution de l'exercice. Celle-ci pourra néanmoins lui être demandée partiellement ou en totalité lors de l'entretien avec le jury.

Le candidat rédigera sur ses fiches :

◇ sa réponse aux questions 2) et 3) ;

◇ un ou plusieurs exercices se rapportant au thème « **Divers types de raisonnement** » dans des domaines variés (arithmétique, géométrie, dénombrement, analyse, etc $\cdots$).

Le candidat présentera au jury :

◇ le contenu de ses fiches ;

◇ les méthodes et les savoirs mis en jeu dans l'exercice.

Jury — C'est le cas. On passe à la suite. Dans l'assertion 3 vous avez dit que l'on raisonne par l'absurde. Est-ce vraiment le cas ? Qu'avez vous montré sur votre feuille ?

Candidat — La question est : existe-il des réels tels que l'assertion soit vraie. Eh bien moi j'ai montré que pour tous les réels l'assertion était fausse, donc l'assertion est fausse.

Jury — Que s'est-il passé avec le quantificateur "il existe" ?

Candidat — Je l'ai transformé en "pour tout".

Jury — Etes-vous certain qu'il s'agisse d'un raisonnement par l'absurde alors ?

J'ai acquiescé et j'ai proposé un raisonnement par contraposée. Le jury m'a demandé d'écrire l'assertion en langage mathématique. Je n'ai pas été convaincu, mais j'ai acquiescé d'un signe de tête et on est passé à la suite.

Jury — Etes-vous sûr que vous proposez un contre-exemple dans la dernière assertion ?

Candidat — Ah, bah oui, ce n'est pas un contre exemple...

Jury — Dans quel cas utilise-t-on un contre-exemple ?

Candidat — Quand on veut démontrer qu'une assertion est fausse.

Jury — Et dans notre cas à nous ?

Candidat — On veut savoir s'il existe une fonction qui vérifie une certaine propriété : il faut donc proposer un exemple.

Jury — Très bien. On va passer à l'exercice. Vous avez cherché la quantité ?

Candidat — Non j'ai simplement varié les domaines comme c'était demandé.

Jury — Connaissez-vous d'autres raisonnement mathématiques ?

Candidat — Oui, le raisonnement par récurrence par exemple.

Les membres du jury se sont mis à rire en disant qu'eux aussi le connaissaient, et qu'ils en avaient vu pas mal depuis le début... J'ai été content de ne pas avoir mis de récurrence dans mes exercices. J'avais proposé trois exercices utilisant trois raisonnements différents. Un exercice d'analyse par l'absurde, un exercice d'arithmétique utilisant un raisonnement par disjonction de cas utilisant le tableur de la calculatrice, et enfin un exercice de géométrie utilisant un raisonnement d'analyse-synthèse avec une recherche de lieu géométrique que j'ai présenté avec une animation à la calculatrice encore une fois.

Jury — On va s'intéresser à l'exercice d'arithmétique. Allez droit au but pour nous parler de la partie "raisonnement", c'est ce qui nous intéresse.

J'ai tenté d'aller directement à la fin de l'exercice. Mais je ne maîtrise pas bien l'arithmétique et l'exercice n'était pas forcément évident bien que très riche et intéressant. A la fin de mes explications, j'ai entendu :

Jury — Vous ne m'avez pas du tout convaincu là !

J'allais reprendre mes explications, mais on m'a posé une question sur la disjonction de cas. J'ai répondu immédiatement et j'ai dû démontrer à l'oral la conjecture que j'avais proposée dans ma réponse. J'ai finalement obtenu une bonne note malgré un entretien plutôt chaotique...

3.6 Compte rendu n°6

Cinq ans de préparation où j'ai été obligé de travailler à côté de mes études pour pouvoir vivre et les financer, parfois en travaillant à temps complet. Cette année, pour la première fois, j'ai enseigné à temps partiel en tant que contractuel, et je complétais en travaillant dans un hôtel les nuits des vendredis, samedis et dimanches. Voici mon compte rendu de l'oral 1.

J'ai eu à choisir entre la leçon sur la construction de $\mathbb{Q}$ et celle sur les droites remarquables du triangle (médiatrices, hauteurs et bissectrices). Je connaissais les deux leçons mais j'ai choisi de présenter la plus difficile selon moi, la leçon sur $\mathbb{Q}$, pour plusieurs raisons.

Je voulais certainement surprendre le jury en lui parlant de quelque chose dont je crois que les candidats osent rarement parler, et, malgré la technicité de cette leçon, je pensais pouvoir m'en sortir puisqu'il s'agissait d'un thème que j'avais travaillé et déjà présenté pendant mon année d'IUFM.

Pendant les deux heures de préparation j'ai failli changer d'avis dès le début de la leçon, car il avait une partie vraiment très technique : montrer que l'on a une relation d'équivalence $\mathcal{R}$ sur $E = \mathbb{Z} \times \mathbb{Z}^*$, vérifier que l'on peut définir des lois $+$ et $\times$ sur E, compatibles avec la relation $\mathcal{R}$, en déduire que ces lois passent au quotient $E/\mathcal{R}$, choisir une notation commode pour désigner les classes d'équivalences de $\mathbb{Q} = E/\mathcal{R}$, puis montrer que $\mathbb{Q}$ muni de ces lois est un corps commutatif. Tout cela nécessite beaucoup de temps si on veut tout démontrer. Il fallait aussi parler du morphisme injectif qui permet de dire, par abus de langage, que $\mathbb{Q}$ contient $\mathbb{Z}$.

Dans la deuxième partie sur les propriétés, j'ai à peine eu le temps de parler des fractions irréductibles, de définir une relation d'ordre sur $\mathbb{Q}$ et de dire que cette relation d'ordre était totale et prolongeait celle de $\mathbb{Z}$. De toute façon, pendant les deux heures de préparation, je n'avais pas eu le temps d'aller plus loin dans cette seconde partie.

Je voudrais faire deux remarques :

- Quand je suis arrivé dans la salle devant le jury, un des membres qui est d'ailleurs resté silencieux pendant toute la suite de l'exposé, m'a dit que je n'avais pas le droit d'effacer le tableau. Il y a donc une certaine incohérence dans le discours : la présidence du jury nous avertit qu'on a le droit d'effacer le tableau, mais dans les faits cela est refusé par certaines commissions !

- Pendant l'entretien quasiment toutes les questions provenaient d'un seul membre du jury : je pense qu'il s'agissait d'un professeur enseignant à l'Université.

Voici les questions dont je me souviens :

1. Aviez-vous prévu de parler d'autre chose ?

Réponse : j'ai parlé de tout ce dont j'avais prévu de parler. J'explique que j'ai préparé toutes les preuves de la première partie et que je n'ai pas eu le temps de développer un peu plus la seconde partie, mais je donne mon plan pour le reste en disant que j'aurais aimé parler du fait que $\mathbb{Q}$ est archimédien, ce qui permet de définir la partie entière d'un rationnel et de montrer qu'entre deux irrationnels il existe toujours un rationnel.

2. Que faites-vous quand vous dites que par abus de langage $\mathbb{Q}$ contient $\mathbb{Z}$?

Le jury voulait m'entendre parler d'identification, mais j'ai tout dit sauf ce mot. Le jury a cependant été d'accord avec mes explications.

3. Comment est cette inclusion ?

Le jury voulait que je dise qu'elle était stricte, mais là encore j'ai parlé du fait que l'on peut montrer que $\mathbb{Q}$ est le plus petit corps qui contient $\mathbb{Z}$ en donnant une approche heuristique de ce petit phénomène.

4. Certes, mais cette inclusion est-elle stricte ?

Dans le cas contraire, cela voudrait dire que l'on a rien fait !

5. Et pourtant en terme de cardinalité que peut-on dire de $\mathbb{Q}$ et de $\mathbb{Z}$?

Là, je sens que le débat se déplace sur un terrain que je maîtrise mal. Je donne la définition du cardinal d'un ensemble fini, et je dis que je ne me rappelle plus de la définition exacte d'un ensemble de cardinal infini, mais que pour moi les ensembles $\mathbb{Q}$ et $\mathbb{Z}$ sont tous deux de cardinaux infinis. Je rajoute que je crois que l'explication de ce paradoxe vient de la définition même d'un cardinal infini. Le jury m'explique où il voulait en venir, et passe à une autre question.

6. Le corps $\mathbb{Q}$ est il unique ?

Oui à isomorphisme près. Le jury est ici en train de soulever un problème très subtil. Heureusement que j'avais lu pas mal de littérature avant de venir !

7. Montrez que $\mathbb{Q}$ est archimédien.

J'ai expliqué que l'on utilise le fait que $\mathbb{Z}$ est archimédien, mais j'ai eu du mal à retrouver la définition d'un anneau archimédien J'ai donc pataugé un certain temps avant de me remémorer cette définition pour $\mathbb{Z}$, et d'arriver à expliquer comment passer au cas de $\mathbb{Q}$. C'était la fin de l'épreuve.

J'ai obtenu 14/20 à cet oral.

3.7 Compte rendu n°7

J'ai obtenu 11,2/20 et 13,2/20 aux épreuves écrites, 13/20 à l'oral 1 et 16,4/20 à l'oral 2.

Pour le premier oral, je suis tombée sur la leçon sur les probabilités conditionnelles. Je me suis rendue compte à la fin de mes 25 minutes, en regardant le tableau, que ma gestion de ce dernier n'était pas vraiment au point. Le jury est beaucoup revenu sur ma leçon, pour éclaircir certains points, et m'a demandé de fournir plus d'exemples. A la sortie de l'épreuve, je n'espérais plus avoir la moyenne et pensais seulement avoir réussi à limiter la casse.

Le second oral portait sur les nombres complexes (cf. p. 117) et là j'ai eu chaud ! J'ai résolu toutes les questions de l'exercice du jury pendant ma préparation, sauf la première car j'ai demandé une calculatrice au surveillant à ce moment là, tout en passant aux autres questions en attendant que celle-ci arrive. Je ne suis plus revenue sur cette question par la suite...

J'ai parlé des fameux "savoirs et méthodes". J'ai analysé les questions du QCM à fond : par exemple, j'ai critiqué le manque de précision sur le statut de k dans l'énoncé (appartient-il à $\mathbb{Z}$?) et l'absence d'un modulo π ou 2π dans la dernière question. J'ai demandé au jury de bien vouloir regarder ma fiche pour suivre mes explications, et j'en ai profité pour examiner mes juges pendant que je parlais des différents cas : cercle, arc de cercle... Cela m'a rassuré de voir qu'ils étaient concentrés sur ma feuille.

J'ai accompagné mes explications de dessins au tableau, notamment pour la question de savoir quand $(1 + i\sqrt{3})^n$ était réel, en terme d'argument.

Pour les exercices, j'ai proposé un exercice de linéarisation de $\cos^3 x$ pour montrer l'utilité de cette méthode dans le chapitre suivant sur l'intégration, et un autre sur le théorème de Napoléon dont la résolution m'a causé des frayeurs pendant l'entretien, mais qui m'a surtout permis d'utiliser la calculatrice avec Cabri pour "faire bouger" et forcer l'utilisation des TICE.

L'entretien a débuté avec quelques questions au sujet du QCM. C'est à ce moment que je me suis rendu compte que j'avais complètement zappé la première question. Du coup le jury me demande de la résoudre.

On est ensuite passé à mon premier exercice. On me demande de le résoudre, donc je m'y emploie sans regarder mes fiches, et j'arrive jusqu'au bout.

On me rappelle que j'avais parlé d'intégration en présentant cet exercice, et l'on me demande donc de chercher une primitive de la fonction que j'ai obtenue... J'avais testé ma primitive durant ma préparation de l'oral, et même si ce n'était pas compliqué à faire, avoir préparé la question un peu à l'avance donne confiance.

Puis on est passé au théorème de Napoléon. J'ai annoncé deux méthodes de résolution. J'ai commencé à démontrer le théorème en utilisant des similitudes et je me suis complètement bloquée en réalisant que les similitudes étaient sans doute carrément hors sujet !

J'ai donc proposé de changer de méthode et de parler de rotations et de la caractérisation des triangles équilatéraux directs, mais sans faire tous les calculs car je pensais ne plus avoir le temps.

Le jury m'a posé une dernière question sur l'application $z \mapsto az + b$. Je connaissais bien la leçon sur les similitudes, et j'ai pu dire oralement les différents résultats classiques. Le jury me demande alors si je suis sûre de moi. Je dis que oui. On me remercie, je les remercie à mon tour en m'excusant pour la confusion au sujet de mon exercice, et je sors de la salle, déçue.

Tout cela fut bien éprouvant surtout pour moi qui avais déjà passé plusieurs fois des oraux. A la lecture des résultats, ce fut une libération ! Je pense que mon expérience d'une année comme assistante pédagogique m'a beaucoup aidée.

Chapitre 4

Enseigner les mathématiques

Enseigner les mathématiques :
Faire des mathématiques, c'est résoudre des problèmes.
(Marie-Denise Marie-Alie [1])

Tous les programmes d'enseignement des Mathématiques, de la maternelle à l'université précisent que la résolution des problèmes est au centre des activités mathématiques et permet de donner leur signification à toutes les connaissances qui y sont travaillées (cf. document de consultation pour les nouveaux programmes de l'école primaire, cycle 3).

▶ **Deux questions essentielles se posent :**

• La première : pourquoi des enfants à qui on demande s'ils aiment les mathématiques répondent-ils « oui, mais pas les problèmes » ?

• La seconde : pourquoi les élèves perçoivent-ils les activités mathématiques comme des applications de formules, des utilisations d'outils pour faire des figures sans jamais évoquer les problèmes ou leur résolution ?

Cherchons à savoir comment se déroulent les séances d'apprentissage en mathématiques, quelles perceptions les enseignants véhiculent pour que l'on rencontre de tels effets.

Cela nous oblige à nous interroger sur les représentations qu'ont les professeurs, de la science mathématique.

[1] Directrice adjointe à l'IUFM de Guadeloupe, enseignante dans la préparation des maîtres (CAPE et CAPES mathématiques).

► **Le professorat des Ecoles**

Arrêtons-nous dans un premier temps, aux professeurs des Ecoles.

Leur polyvalence les place dans une situation particulièrement délicate : leur formation de base sera déterminante sur leurs réactions, leurs attitudes et leurs appréhensions, et orientera leur posture dans une séance de mathématiques.

Dès le recrutement, le cursus scientifique n'est pas prépondérant chez ces futurs enseignants de l'école primaire. C'est une donnée à prendre en compte dans la formation initiale : sur une promotion de professeurs des écoles stagiaires, on relève que 30% à 40% ont une licence scientifique, dont 10% à 15% une licence de mathématiques.

On pourrait penser que ces étudiants de cursus scientifique (licence de mathématiques, sciences physiques, informatique...) n'éprouvent aucune difficulté pour mettre œuvre des situations d'apprentissage en mathématiques. La réalité est différente : leur représentation de la discipline est figée et il ne leur est pas toujours aisé de « reconstruire » les savoirs à enseigner. Leur maîtrise s'appuie sur des automatismes et ils ne perçoivent pas toujours les étapes de la démarche nécessaire pour donner du sens aux notions. Ces enseignants de profil scientifique ne sont pas forcément ceux, qui réussissent le mieux dans les mises en œuvre ; les autres qui en général n'ont pas encore tout compris, risquent de progresser plus vite s'ils acceptent de se questionner.

Si cela semble curieux voire paradoxal, on peut avancer l'explication suivante : lorsqu'un individu s'interroge sur un sujet et qu'il cherche à y voir clair, cette volonté le met dans la situation d'un enfant qui veut résoudre un problème.

- Premièrement il prend connaissance de toutes les informations qui lui sont données, quitte à les reformuler.

- Deuxièmement il interprète le but à atteindre, la question posée. Et alors il se met à explorer plusieurs pistes pour trouver la solution. Même s'il ne trouve pas la (ou les) solution(s), il aura exercé son raisonnement et pourra au moins dire ce qui ne marche pas, ce qui est déjà un premier pas vers LA solution.

Ne perdons pas de vue qu'un problème est une situation qui interroge et dont la réponse n'est pas directement accessible. Un même énoncé n'est pas forcément problème pour tout le monde, cela dépend du niveau de compétences de celui à qui l'on s'adresse. Pour proposer une solution, il faut alors mobiliser connaissances et savoir-faire, les combiner, et avant tout raisonner.

Ce qui est important c'est donc de s'engager dans la recherche, et ceci est valable tout autant pour les enseignants que pour les élèves. Autrement dit

« ceux » qui ont des difficultés doivent accepter de s'atteler à la tâche, car non seulement « l'erreur est une étape vers la connaissance » (cf. M. MONTESSORI) mais de plus la pratique permet de développer des compétences préliminaires qui vont évoluer vers les compétences visées.

Du côté des enseignants à l'école, il faut donc que tous soient convaincus de la nécessité de bâtir les séances de mathématiques sur la résolution de problèmes. La tâche n'est pas facile : le travail en équipe et l'analyse critique devraient donner, à moyen terme, des résultats satisfaisants.

Les enseignants de cursus non scientifique ont, face à certaines activités mathématiques, les mêmes attitudes et réactions que les élèves (suivant un processus accéléré). Ils prennent alors conscience des obstacles de la situation et des pistes pour les surmonter. Ils font émerger tous les éléments pour bâtir une séance d'apprentissage où l'élève sera au cœur du système.

Dans d'autres cas, ils sont tout comme les autres de cursus scientifique, fortement influencés par leur expérience première, par leurs automatismes qui occultent les fondements de la connaissance. Ainsi lorsque l'on demande de justifier pourquoi il faut « décaler » dans la technique opératoire de la multiplication posée par un nombre de deux chiffres, peu de professeurs stagiaires trouvent la justification. L'acquisition de la technique a supplanté le sens. Autre exemple : combien de personnes ne se trompent pas lorsqu'il faut retrouver à partir du salaire majoré, le montant du salaire sans 40% de vie chère ? Ou encore que penser du prix d'un article qui a subi 20% d'augmentation puis 20% de réduction ?

On pourrait ajouter une raison qui relève plus de la psychologie que de la compétence scientifique. Il est en effet, indispensable que les professeurs soient détendus vis-à-vis des activités mathématiques et prennent un certain recul, témoin de maturité pédagogique. Leurs rejets et leurs tensions personnels, tout comme leurs passions, sont implicitement communiqués aux élèves. Il faut aussi qu'ils aient la foi en ce qu'ils font. L'aisance, l'assurance et l'efficacité pédagogique ne s'acquerront que par des essais multiples mais honnêtes (dans l'humilité, sans découragement ni mépris). Cela demande un travail sérieux et assidu au sein d'une équipe.

Ce changement d'état d'esprit leur redonnera confiance pour une mise en œuvre plus efficace des activités mathématiques.

Par exemple on évoque souvent « le temps » que cela prend de laisser les élèves chercher, mais c'est un temps pédagogique pour un apprentissage à long terme. C'est de la formation de l'esprit de l'élève qu'il s'agit : aussi faut-il éviter de lire systématiquement les énoncés, de les reformuler, de les expliciter pour les élèves avant qu'eux-mêmes n'aient pris « sereinement » connaissance et réagi à un premier niveau.

Mais le système se verrouille de l'intérieur car en cycle 1 et 2, la maîtrise du langage n'étant pas assurée, une lecture (un décodage de l'énoncé) se fait avec l'aide du professeur : alors tant les élèves que les enseignants s'installent dans ces pratiques qui vont occulter toutes les initiatives de l'apprenant devenu progressivement « assisté ».

Il ne s'agit pas de faire des élèves des mathématiciens, mais plutôt de leur faire acquérir des compétences permettant de structurer le raisonnement, et de contribuer à la formation de l'esprit scientifique et à celle du citoyen.

▶ Quelles compétences ?

Ce sont celles nécessaires au traitement scientifique d'une situation. Elles renvoient donc à la prise en compte des différentes étapes de la démarche scientifique. Citées dans les commentaires des programmes de l'enseignement des mathématiques, elles s'articulent autour des axes suivants :

- Organiser, analyser traiter des informations pour atteindre un objectif.
- Choisir une démarche et essayer des procédures : faire des essais et corrections ; émettre une conjecture.
- Contrôler la pertinence et la vraisemblance d'une solution partielle ou définitive.
- Formuler et communiquer sa démarche et les résultats de ses recherches.
- Argumenter à propos de la validité d'une solution.

L'enjeu porte alors sur les problèmes à poser, problèmes qui vont répondre à toutes nos attentes. Plus ils sont diversifiés, plus ils offriront des approches nuancées, plus l'expérience de l'élève sera riche et sa pratique affirmée.

C'est précisément le sens du problème qui donne la marque du véritable esprit scientifique. Pour un esprit scientifique, toute connaissance est une réponse à une question. S'il n'y a pas eu de question, il ne peut y avoir connaissance scientifique :

> « Rien ne va de soi. Rien n'est donné. Tout est construit[2]. »

▶ Dans le second degré

Si maintenant, on s'intéresse au second degré, il est nécessaire de prendre la mesure de l'évolution des publics.

[2] Gaston Bachelard : la formation de l'esprit scientifique.

Les enseignants du secondaire sont des professeurs qui ont, en principe, choisi la discipline, même si tous n'ont pas eu de cursus essentiellement en mathématiques. La scission collège/lycée est répercutée sur les profils de ces acteurs.

Certains professeurs de collège acceptent de prendre en charge l'accompagnement des élèves dans la prise d'autonomie et la gestion du travail personnel. D'autres estiment que cela relève de l'école élémentaire. Ils n'ont pas tous une réelle connaissance des perceptions et conceptions des élèves et ne peuvent assurer une bonne continuité dans les apprentissages.

Par ailleurs, les changements de programmes, à l'école, au collège et au lycée, ne sont pas répercutés et analysés par tous, chacun essayant de voir la portée du programme à son propre niveau (ce qui constitue déjà une première investigation à reconnaître).

Chez les professeurs de lycée, la priorité est souvent centrée sur les savoirs savants. L'échéance du baccalauréat motive les choix et démarches, sans prendre en compte toute la dimension éducative. La liaison troisième-seconde n'assure pas toujours une transition efficace prenant en compte l'évolution des élèves de l'adolescence à l'adulte. On se contente parfois de rejeter sur le collège, l'absence de méthodes ou d'attitudes.

Ces postures d'enseignants trouvent un appui à l'intérieur même du système éducatif. Tant les élèves que leurs familles ont quelquefois des points de vue déroutants :

- « Il n'est pas nécessaire d'apprendre en mathématiques, il suffit de comprendre »,
- ou bien : « J'ai été nul(le) en mathématiques, je ne suis pas étonné(e) des résultats de mon enfant »,
- ou encore : « Son père est ingénieur mais mon fils n'a pas de bons résultats en mathématiques malgré tous les cours privés que je lui paie ».

Les élèves et/ou leurs parents peuvent aussi estimer que l'ardoise n'est plus utile en classe de 6e, ou que l'on ne fait pas réciter des leçons au lycée.

Par ailleurs, la notion de « temps d'apprentissage » devient cruciale car les échéances du brevet et du baccalauréat mettent une certaine pression, et orientent vers des démarches plutôt directives. « Chercher, essayer, conjecturer » tout cela apparaît alors comme une perte de temps. Les enseignants décident de montrer comment on fait pour que les élèves s'entraînent par la suite. Certains cherchent à faire apprendre à résoudre des problèmes-types. Les élèves attendent la recette finale qu'il faut appliquer sans s'inquiéter du sens. Des habitudes sont prises et ce sont précisément celles évoquées au tout début : telles sont les bases d'une formation que l'on retrouvera chez les adultes devenus citoyens !

L'adage selon lequel « le professeur de mathématiques connaît les solutions de tous les problèmes » occulte la démarche de recherche indispensable pour trouver, démarche formatrice du raisonnement et de la rigueur qui conduira les essais dans la bonne voie.

Combien de professeurs de mathématiques osent dire à l'un de leur collègue qu'un problème leur résiste ? Combien acceptent de chercher « à découvert », de montrer comment ils organisent leurs investigations ?

Cette attitude de réserve handicape lourdement le travail en équipe qui reste un moyen efficace pour avancer plus vite, pour mutualiser nos compétences.

► Conclusion

L'amélioration des résultats des élèves en mathématiques requiert un changement d'état d'esprit et de posture de la part des enseignants mais aussi des élèves. Ce ne sont pas seulement les contenus qui sont sources de difficultés.

Les formations mises en place doivent repositionner les intéressés dans des activités où ils donneront du sens à ce qu'ils font. Une réelle démarche d'investigation tout en participant à l'éducation de l'élève et du citoyen, redonne confiance et modifie les pratiques. Le temps d'apprentissage n'est pas un obstacle car les retombées s'apprécient à long terme.

Gardons en mémoire le propos de N. Boileau :

> « Ce que l'on conçoit bien s'énonce clairement et les mots pour le dire arrivent aisément ».

Chapitre 5

Le Théorème de Watts

Le Théorème de Watts.

(Fabien Mercier[1])

Introduction : La notion de produit tensoriel est très utile en algèbre en ce qu'elle permet de ramener l'étude de formes bilinéaires à celle de simples formes linéaires, et donc d'utiliser les résultats plus puissants de l'algèbre linéaire pour l'étude de certains problèmes. La propriété universelle définissant un produit tensoriel de deux modules donne immédiatement son unicité à isomorphisme près lorsque l'on suppose l'existence d'au moins un produit tensoriel. Puis par une construction explicite, en quotientant par les relations souhaitées, on obtient l'existence de manière effective.

Cette construction effective, étape après étape, pourrait être pensée pleinement satisfaisante, puisqu'après tout on a bien unicité à isomorphisme près, mais on se heurte néanmoins au problème suivant : un foncteur étant donné sous sa forme abstraite (c'est-à-dire ne connaissant de ce foncteur que des propriétés générales que l'on énonce a priori d'un foncteur), comment reconnaître qu'il s'agit d'un produit tensoriel ?

Dans ce texte, on rappelle dans un premier temps, rapidement, les principales structures algébriques utilisées, avant de donner la définition du produit tensoriel ainsi que ses principales propriétés. On fera ensuite des rappels nécessaires concernant la théorie des catégories, puis on sera à même de présenter le théorème de Watts, qui répond au problème posé en caractérisant le produit tensoriel par son exactitude à droite et sa préservation des sommes directes.

[1]Universite Lyon 1.

Notation : On s'abstiendra souvent de préciser certains ensembles et quantificateurs lorsqu'ils sont évidents, ce dans le but d'alléger la rédaction. Par exemple pour M un A-module, et A une K-algèbre, on notera m (respectivement a, k) un élément de M (respectivement de A, K).
En outre on notera le plus souvent de manière multiplicative la composition d'applications ; ainsi gf désignera toujours $g \circ f$.

5.1 Structures algébriques

5.1.1 Algèbres et modules

On rappelle quelques définitions concernant les structures algébriques utilisées. On donne aussi quelques théorèmes, sans leurs démonstrations, à la fin de cette section.

Définition 5.1 *On dit que $(K, +, .)$ est un anneau si et seulement si :*
(i) $(K, +)$ est un groupe abélien.
(ii) $(K, .)$ est un magma associatif et unifère (les anneaux sont la plupart du temps unitaires).
(iii) La loi . est distributive sur $+$.

Définition 5.2 *On dit que M est un K-module (à droite) si et seulement si M est muni d'une loi interne $+$ et d'une loi externe $. : M \times K \to M$ telles que $(M, +)$ est un groupe abélien, et que les quatre axiomes suivants sont respectés :*
(i) $m.(k + k') = m.k + m.k'$.
(ii) $(n + m).k = n.k + m.k$.
(iii) $(nk).k' = n.(k.k')$.
(iv) $n.1_K = n$.
Et ce pour tous k,k' dans K et tous m, n dans M.

Remarque 5.1 *Pour $K = \mathbb{Z}$, on obtient les groupes abéliens. Pour K corps commutatif, les K-espaces vectoriels.*

Remarque 5.2 *Si K n'est pas commutatif, il est nécessaire de préciser "à gauche" ou "à droite", car on en a besoin pour que (iii) soit vérifiée par $*$, en posant $k * m := m.k$.*

Définition 5.3 *Soit K un corps commutatif. On dit que $(A, +, ., *)$ est une K-algèbre si et seulement si :*
(i) $(A, +, .)$ est un K-module.
(ii) $(A, +, *)$ est un anneau.

(iii) $*$ *et* $.$ *sont compatibles au sens où :* $(a * a').k = a * (a'.k) = (a.k) * a'$ *pour tout* k *dans* K *et tous* a, a' *dans* M.

Définition 5.4 *On dit que la* K*-algèbre* A *est commutative, unitaire, ... si et seulement si* A *est commutatif, unitaire, ... en tant qu'anneau.*

Définition 5.5 *Soit* A *une* K*-algèbre. On dit que* M *est un* A*-module (à droite) si et seulement si* M *est muni d'une loi interne* $+$ *et d'une loi externe* $. : M \times A \to M$ *telles que* $(M, +)$ *est un groupe abélien, et que les quatre axiomes suivants sont respectés :*

(i) $m.(a + a') = m.a + m.a'$.

(ii) $(n + m).a = n.a + m.a$.

(iii) $(ma).a' = m.(a.a')$.

(iv) $m.1_A = m$.

Et ce pour tout a, a' *dans* A *et tout* m, n *dans* M.

Remarque 5.3 *Ce sont exactement les mêmes axiomes que pour "*M K*-module", mais avec* A K*-algèbre au lieu de* K *On note au passage qu'un* A*-module est un* K*-module, en définissant de manière naturelle* $m*k := m.(k1_A)$ *où* 1_A *désigne l'unité de* A *(ainsi* $k1_A \in A$*).*

Remarque 5.4 *On définit de même la notion de* A*-module à gauche, la loi externe étant alors une application de* $A \times M$ *dans* M.

Définition 5.6 *Soit* M *un* A*-module. On dit qu'une partie* N *de* M *est un sous-module de* M *si et seulement si cette partie est elle-même structurée en* A*-module pour les lois induites par celles de* M.

Définition 5.7 *Soit* M *un* A*-module. Pour* N *sous-module de* M*, on définit le module quotient de* M *par* N *comme l'ensemble des classes modulo* N*, c'est-à-dire comme l'ensemble* $M/N = \{x + N \ , \ x \in M\}$*, où* $x + N$ *désigne par convention l'ensemble* $\{x + n \ , \ n \in N\}$*. On vérifie que* M/N *est effectivement structuré en module pour les lois naturelles.*

Définition 5.8 *Soient* A *et* B *deux* K*-algèbres. On dit que* M *est un* $(A-B)$*-bimodule si et seulement si :*

(i) M *est un* A*-module à gauche.*

(ii) M *est un* B*-module à droite.*

(iii) Les deux structures sont compatibles, dans le sens où $a(mb) = (am)b$ *pour tout* a *dans* A, b *dans* B *et* m *dans* M.

5.1.2 Morphismes de A-modules

Définition 5.9 *Soit A une K-algèbre, et M, N deux A-modules. On dit que $f : M \to N$ est un morphisme de A-modules, ou encore que f est A-linéaire si et seulement si*

$$\forall m, m' \in M, \quad \forall a \in A, \quad f(ma + m') = f(m)a + f(m').$$

Définition 5.10 *On définit, pour $f : M \to N$ morphisme de A-modules, le noyau de f, par :*

$$\operatorname{Ker} f = \{m \in M \ / \ f(m) = 0\}.$$

On définit aussi l'image de f, noté $\operatorname{Im} f$, par :

$$\operatorname{Im} f = \{f(m) \ , \ m \in M\}.$$

On vérifie aisément que le noyau de f et l'image de f sont des sous-modules de M et N respectivement.

Définition 5.11 *On appellera ici isomorphisme de A-modules tout morphisme $f : M \to N$ tel que $\operatorname{Ker} f = \{0\}$ et $\operatorname{Im} f = N$.*

En réalité il s'agit plutôt d'une caractérisation dans le cas de la catégorie des A-modules ; une définition plus générale est donnée plus loin.

Définition 5.12 *On définit le conoyau de $f : M \to N$ morphisme de A-modules comme le quotient de N par $\operatorname{Im} f$; on le note $\operatorname{Coker} f$.*

Remarque 5.5 *On définit de même morphismes et isomorphismes de K-algèbres. Les ensembles isomorphes (c'est-à-dire tels qu'il existe un isomorphisme de l'un dans l'autre) présentent les mêmes propriétés structurelles, on tend donc à les identifier. Par exemple on énoncera par la suite l'unicité du produit tensoriel, mais à isomorphisme près.*

Définition 5.13 *Une suite de A-modules $L \xrightarrow{f} M \xrightarrow{g} N$ est dite exacte en M si et seulement si $\operatorname{Ker} g = \operatorname{Im} f$. Une suite plus longue sera dite exacte si et seulement si elle est exacte en chacun de ses modules.*

Lemme 5.1 *(Lemme du Serpent)*
Soit un diagramme commutatif à lignes exactes de la forme :

$$\begin{array}{ccccccc} & & L & \xrightarrow{u} & M & \xrightarrow{v} & N & \longrightarrow & 0 \\ & & f\downarrow & & g\downarrow & & h\downarrow & & \\ 0 & \longrightarrow & L' & \xrightarrow{u'} & M' & \xrightarrow{v'} & N' & & \end{array}$$

Alors il existe une suite exacte :

$$\operatorname{Ker} f \xrightarrow{u_1} \operatorname{Ker} g \xrightarrow{v_1} \operatorname{Ker} h \xrightarrow{\delta} \operatorname{Coker} f \xrightarrow{u_2} \operatorname{Coker} g \xrightarrow{v_2} \operatorname{Coker} h$$

Définition 5.14 *(Sommes directes)*
On considère une famille $(M_\alpha)_\alpha$ de A-modules à droite ; on définit leur somme directe comme l'ensemble des suites $(m_\alpha)_\alpha$ à support fini (c'est-à-dire qu'il existe un nombre fini de m_α différents de 0) telles que $m_\alpha \in M_\alpha$ pour tout α. On note $\oplus_\alpha M_\alpha$ une telle somme. On a ainsi :

$$\underset{\alpha}{\oplus} M_\alpha = \{(m_\alpha)_\alpha \, presque\ nulle /\quad \forall \alpha \quad m_\alpha \in M_\alpha\}.$$

On notera en outre $M^{(\Lambda)}$ pour $\oplus_{\alpha\in\Lambda} M$, c'est-à-dire quand tous les M_α sont pris égaux à M.

Lemme 5.2 *Soit M un A-module. Il existe une suite exacte de la forme :*

$$A^{(\Lambda)} \longrightarrow A^{(\Sigma)} \longrightarrow M \longrightarrow 0.$$

Cette suite s'appelle une présentation libre de M. Elle donne en quelque sorte une "approximation" de M par des modules de type $A^{(\Sigma)}$ (qui sont dit "libres").

5.2 Produits tensoriels

On donne dans ce chapitre la définition du produit tensoriel, ainsi que l'idée de sa construction. Le lecteur trouvera sans peine la construction détaillée dans l'ouvrage d'Ibrahim Assem [1], ou encore dans le Querré [4] ou le Malliavin [3]. On cite ensuite quelques résultats concernant les dits produits utiles pour la suite.

5.2.1 Définitions générales

Définition 5.15 *Soient A une K-algèbre, et M, N deux A-modules à droite et à gauche respectivement. On les munit de leur structure de K-modules naturelle (cf. Remarque 5.3). Soit X un K-module. Une application $g : M \times N \to X$ est dite A-bilinéaire si et seulement si :*
(i) $g(mk + m'k', n) = g(m, n)k + g(m', n)k'$.
(ii) $g(m, kn + k'n') = g(m, n)k + g(m, n')k$.
(iii) $g(ma, n) = g(m, an)$.
Et ce pour tous m, m' dans M, n, n' dans N, a dans A et k, k' dans K.

Définition 5.16 *Soient A une K-algèbre, M un A-module à droite et N un A-module à gauche. On appelle produit tensoriel de M et de N tout K-module T pour lequel on peut trouver une application $t\ : M \times N \to T$ A-bilinéaire telle que, pour toute application $g : M \times N \to X$ A-bilinéaire (X désigne un*

K-module quelconque), il existe une unique application K-linéaire g' telle que $g = g't$, c'est-à-dire tel que le diagramme ci-dessous commute :

$$\begin{array}{ccc} M \times N & \xrightarrow{t} & T \\ & \searrow^{g} & \downarrow g' \\ & & X \end{array}$$

Théorème 5.1 *Soient A une K-algèbre, M un A-module à droite et N un A-module à gauche. Alors M et N admettent bien un produit tensoriel, unique à isomorphisme près ; on le note $M \otimes N$.*

Preuve. L'unicité découle de la propriété universelle, par un raisonnement très classique (en supposer deux, écrire les diagrammes obtenus et utiliser l'unicité de g' pour conclure que les deux applications K-linéaires données par la propriété universelle sont inverses l'une de l'autre).
Pour l'existence on quotiente l'ensemble $K^{(M \times N)}$ des applications de $M \times N$ dans K à support fini par les relations désirées. Plus précisément, on injecte de manière naturelle $M \times N$ dans $K^{(M \times N)}$ en associant à tout élément (l, m) l'application de Kronecker en (l, m), que l'on notera $\delta_{(l,m)}$, puis on quotiente $K^{(M \times N)}$ par le sous-module engendré par les éléments de la forme :

$$\delta_{(mk+m'k',n)} - \delta_{(m,n)}k - \delta_{(m',n)}k'$$

$$\delta_{(m,kn+k'n')} - \delta_{(m,n)}k - \delta_{(m,n')}k'$$

$$\delta_{(ma,n)} - \delta_{(m,an)}.$$

En notant p la projection associé et en posant $t = p\delta$, on obtient le résultat.
■

Remarque 5.6 *On fait souvent l'abus de confondre un élément (l, m) et son application de Kronecker associée $\delta_{(l,m)}$, puisque la correspondance est bi-univoque. Néanmoins un tel abus n'apporte rien à la démonstration ci-dessus, qui au contraire devient plus claire en écrivant correctement $\delta_{(l,m)}$ au lieu de (l, m) pour l'application nulle partout et valant 1 en (l, m).*

Notations : communément, on note $m{\otimes}n$ pour $t(m, n)$. On note en outre $f \otimes g$ l'application K-linéaire définie sur les générateurs $m{\otimes}n$ de $M \otimes N$ par $(f \otimes g)(m{\otimes}n) = f(m){\otimes}g(n)$. On s'assure de son existence et de son unicité via la propriété universelle appliquée à l'application bilinéaire $f \times g$ définie par $(f \times g)(m, n) := f(m){\otimes}g(n)$.

Proposition 5.1 $(f'f) \otimes (g'g) = (f' \otimes g').(f \otimes g)$.

Preuve. Ecrire les trois diagrammes encastrés correspondants et utiliser l'unicité de $(f'f) \otimes (g'g)$ pour conclure. ■

5.2.2 Premiers théorèmes

A. Structures algébriques du tensorisé

On obtient, partant d'un A-module à droite M et d'un A-module à gauche N, uniquement, a priori, une structure de K-module. En effet, comment définir $a(m \otimes n)$ pour $a \in A$? On serait tenté par exemple de poser $a(m \otimes n) = (ma \otimes n)$, mais, hormis le cas d'une algèbre A commutative, on n'arrive pas à vérifier le point (iii) de la définition.
Moyennant quelques hypothèses supplémentaires sur M et N, on obtient une meilleure structure pour $M \otimes N$. On se contente de citer quelques théorèmes, les vérifications étant aisées.

Proposition 5.2 *Si A est une K-algèbre commutative, on peut munir $M \otimes N$ d'une structure de A-module en posant :*

$$a(m \otimes n) = (ma \otimes n).$$

En fait, puisque tout module à droite sur une K-algèbre commutative A est également un $(A - A)$-bimodule, ce résultat peut être vu comme conséquence du théorème plus général suivant :

Théorème 5.2 *Soient A une K-algèbre, M un $(B - A)$-bimodule, N un $(A - C)$-bimodule. On peut alors munir $M \otimes N$ d'une structure de $(B - C)$-bimodule en posant $b(m \otimes n) = (bm \otimes n)$ et $(m \otimes n)c = (m \otimes nc)$.*

B. Propriétés du produit tensoriel : associativité, commutativité, comportement vis-à-vis des sommes directes.

Théorème 5.3 *(Commutativité) Soit A une algèbre commutative. Alors le produit tensoriel est commutatif, dans le sens où pour tous A-modules M, N, on a l'isomorphisme de K-algèbres suivant :*

$$\begin{array}{rcl} M \otimes N & \longrightarrow & N \otimes M \\ m \otimes n & \longmapsto & n \otimes m. \end{array}$$

Théorème 5.4 *(Associativité) Le produit tensoriel est associatif, dans le sens où pour tout A-module L à droite, pour tout $(A - B)$-bimodule M et pour tout B-module à gauche N, on a l'isomorphisme de K-algèbres suivant :*

$$\begin{array}{rcl} L \otimes (M \otimes N) & \longrightarrow & (L \otimes M) \otimes N \\ l \otimes (m \otimes n) & \longmapsto & (l \otimes m) \otimes n. \end{array}$$

Théorème 5.5 *Soient A une K-algèbre, M un A-module à droite et N un A-module à gauche. Alors on a les isomorphismes de K-algèbres suivants :*

$$\begin{array}{ccc} M \otimes A & \longrightarrow & M \\ m \otimes a & \longmapsto & m.a \end{array} \quad et \quad \begin{array}{ccc} A \otimes N & \longrightarrow & N \\ a \otimes n & \longmapsto & a.n. \end{array}$$

Théorème 5.6 *Soient $(M_\alpha)_\alpha$ des A-modules à droite et $(N_\beta)_\beta$ des A-modules à gauche. Alors :*

$$(\bigoplus_\alpha M_\alpha) \otimes (\bigoplus_\beta N_\beta) \simeq \bigoplus_{\alpha,\beta} (M_\alpha \otimes N_\beta).$$

On déduit des deux théorèmes précédents et de la définition de $M^{(\Lambda)}$ le corollaire suivant :

Corollaire 5.1 *Soient A une K-algèbre, M un A-module à droite et N un A-module à gauche, Λ un ensemble. Alors :*

$$M \otimes A^{(\Lambda)} \simeq M^{(\Lambda)},$$
$$A^{(\Lambda)} \otimes N \simeq N^{(\Lambda)}.$$

5.3 Catégorie de modules

5.3.1 Définitions générales

Définition 5.17 *Une catégorie C est, par définition, la donnée :*

(i) d'un ensemble d'objets (pas forcément des ensembles, cela peut être tout et n'importe quoi). On note cette "classe" d'objet $Ob\,C$ ou C_0, et souvent même, d'une manière fort abusive, C tout court.

(ii) de morphismes. C'est, plus précisément, la donnée, pour tout couple d'objets (X,Y), d'un ensemble $\mathrm{Hom}(X,Y)$ tel que :

(a) $\mathrm{Hom}(X,Y) \cap \mathrm{Hom}(X',Y') = \varnothing$ dès que $(X,Y) \neq (X',Y')$.

(b) Pour tout triplet (X,Y,Z) d'objets de C, il existe une application :

$$\circ : \mathrm{Hom}(Y,Z) \times \mathrm{Hom}(X,Y) \to \mathrm{Hom}(X,Z)$$

telle que pour tout $X \in C_0$ il existe $1_X \in \mathrm{Hom}(X,X)$ satisfaisant :

$$\begin{cases} \forall f \in \mathrm{Hom}(Y,X) & 1_X \circ f = f \\ \forall g \in \mathrm{Hom}(X,Y) & g \circ 1_X = g, \end{cases}$$

et :

$$\forall f \in \mathrm{Hom}(X,Y) \quad \forall g \in \mathrm{Hom}(Y,Z) \quad \forall h \in \mathrm{Hom}(Z,W) \quad h \circ (g \circ f) = (h \circ g) \circ f.$$

Définition 5.18 *On appelle isomorphisme tout morphisme f de $\mathrm{Hom}(X,Y)$ tel qu'il existe g de $\mathrm{Hom}(Y,X)$ tel que $f \circ g = 1_X$ et $g \circ f = 1_Y$. On dit alors que X et Y sont isomorphes. On vérifie que cette définition correspond avec celle précédemment donnée dans le cas de la catégorie $\mathrm{Mod}\,A$ des A-modules.*

Définition 5.19 *Soient C et D deux catégories. On appelle foncteur covariant (resp. contravariant) F de C dans D toute correspondance telle que :*

(i) A tout élément X de C_0 on associe un élément FX de D_0.

(ii) A tout morphisme f de $\mathrm{Hom}(X,Y)$ on associe un morphisme Ff de $\mathrm{Hom}(FX,FY)$ (resp. de $\mathrm{Hom}(FY,FX)$) vérifiant :

(a) $F(g\circ f)=F(g)\circ F(f)$ (resp. $F(g\circ f)=F(f)\circ F(g)$).

(b) $F(1_X)=1_{FX}$.

Remarque 5.7 *On définit de manière naturelle la composition de deux foncteurs, lorsque les objets d'arrivée du premier sont les objets de départ du second.*

Définition 5.20 *Soient C et D deux catégories. Soient deux foncteurs (covariants) F et G de C dans D. Un morphisme fonctoriel φ de F sur G, c'est la donnée, pour chaque objet X de C, d'un morphisme $\varphi_X : FX \to GX$ tel que la famille $(\varphi_X)_{X\in C_0}$ rende commutatif, pour tout couple d'objets (X,Y) de C et tout morphisme f de $\mathrm{Hom}(X,Y)$, le diagramme suivant :*

$$\begin{array}{ccc} FX & \xrightarrow{\varphi_X} & GX \\ \downarrow F(f) & & \downarrow G(f) \\ FY & \xrightarrow{\varphi_Y} & GY \end{array}$$

On dit que c'est un isomorphisme fonctoriel si et seulement si chaque φ_X est un isomorphisme.

Remarque 5.8 *Les isomorphismes cités en 5.2.2 sont en fait tous fonctoriels (c'est-à-dire qu'en fixant tous les modules sauf un on obtient une famille qui définit un morphisme fonctoriel au sens ci-dessus).*

Définition 5.21 *(Exactitude d'un foncteur)*
On dit qu'un foncteur covariant F de C dans D est exact à droite si et seulement si pour toute suite exacte de la forme :

$$L \xrightarrow{f} M \xrightarrow{g} N \to 0,$$

la suite image, définie par :

$$FL \xrightarrow{Ff} FM \xrightarrow{Fg} FN \to 0\,,$$

est elle aussi exacte. On définit de même l'exactitude à gauche.
Pour un foncteur contravariant F de C dans D, on dira qu'il est exact à droite si et seulement si pour toute suite exacte de la forme :

$$0 \to L \xrightarrow{f} M \xrightarrow{g} N,$$

la suite image, qui est :

$$FN \stackrel{Fg}{\to} FM \stackrel{Ff}{\to} FL \to 0,$$

est elle aussi exacte. On définit de même l'exactitude à gauche.
Enfin on dit d'un foncteur qu'il est exact si et seulement si il est exact à gauche et à droite.

5.3.2 Foncteurs Hom et tensoriels

Définition 5.22 *(Foncteurs* Hom *)*
Soient C une catégorie et X un objet de C, choisi une fois pour toute. On définit le foncteur $\mathrm{Hom}(X, \_)$ *comme la correspondance qui à un objet Y de C associe* $\mathrm{Hom}(X, Y)$ *et à un morphisme f de* $\mathrm{Hom}(M, N)$ *de C associe l'application, notée* $\mathrm{Hom}(X, f)$ *et définie par :*

$$\begin{array}{rccc} \mathrm{Hom}(X, f) : & \mathrm{Hom}(X, M) & \to & \mathrm{Hom}(X, N) \\ & g & \mapsto & f \circ g. \end{array}$$

On définit de même le foncteur $\mathrm{Hom}(\_, X)$ *comme la correspondance qui à un objet Y de C associe* $\mathrm{Hom}(Y, X)$ *et à un morphisme f de* $\mathrm{Hom}(M, N)$ *de C associe l'application, notée* $\mathrm{Hom}(f, X)$ *et définie par :*

$$\begin{array}{rccc} \mathrm{Hom}(f, X) : & \mathrm{Hom}(N, X) & \to & \mathrm{Hom}(M, X) \\ & g & \mapsto & g \circ f. \end{array}$$

Remarque 5.9 *Ces deux foncteurs sont donc des foncteurs de C catégorie quelconque sur la catégorie des ensembles (souvent noté* Ens*). On note que* $\mathrm{Hom}(X, \_)$ *est covariant alors que* $\mathrm{Hom}(\_, X)$ *est contravariant.*

Proposition 5.3 *Soit $(M_\alpha)_\alpha$ une famille de A-modules à droite. Alors on a, toujours à isomorphisme près :*

$$\mathrm{Hom}((\bigoplus_\alpha M_\alpha), X) \simeq \prod_\alpha \mathrm{Hom}(M_\alpha, X)$$

Définition 5.23 *Soient C et D deux catégories. Soient deux foncteurs (covariants) F, de C dans D et G, de D dans C. On dit de la paire (F, G) qu'elle est adjointe, ou que G est adjoint à droite de F ou encore que F est adjoint à gauche de G, si et seulement si, il existe une famille d'isomorphismes $(\varphi_{X,Y})_{(X,Y) \in C_0 \times D_0}$ de* $\mathrm{Hom}(FX, Y)$ *sur* $\mathrm{Hom}(X, GY)$ *telle que :*

(i) Pour Y fixé, $(\varphi_{X,Y})_{X \in C_0}$ définisse un isomorphisme fonctoriel de $\mathrm{Hom}(F\_, Y)$ *sur* $\mathrm{Hom}(\_, GY)$.

(ii) Pour X fixé, $(\varphi_{X,Y})_{Y\in D_0}$ définisse un isomorphisme fonctoriel de $\mathrm{Hom}(FX, \_)$ *sur* $\mathrm{Hom}(X, G\_)$.

On exprime cela sous forme abrégée en disant que :

$$\varphi_{X,Y} : \mathrm{Hom}(FX, Y) \to \mathrm{Hom}(X, GY)$$

est un isomorphisme fonctoriel en X et en Y.

Définition 5.24 *(Foncteurs tensoriels)*
On se place à présent dans la catégorie des A-modules. On définit le foncteur $\_ \otimes M$, pour M un A-module fixé, comme la correspondance, de la catégorie des A-modules dans celle des K-modules (a priori) qui à L A-module associe $L \otimes M$, et qui à f dans $\mathrm{Hom}(L, N)$ *associe $f \otimes 1_M$, qui est bien un élément de* $\mathrm{Hom}(L \otimes M, N \otimes M)$.
On définit de même le foncteur $N \otimes \_$, pour N un A-module fixé, comme la correspondance, de la catégorie des A-modules dans celle des K-modules qui à un A-module L associe $N \otimes L$, et qui à f dans $\mathrm{Hom}(L, M)$ *associe $1_N \otimes f$, qui est bien un élément de* $\mathrm{Hom}(N \otimes L, N \otimes M)$.

Remarque 5.10 *Il s'agit donc de deux foncteurs covariants. Pour démontrer la fonctorialité on utilise la Proposition 5.1 avec $f = f' = 1_M$ ou $g = g' = 1_N$ suivant le cas.*

Proposition 5.4 *Les foncteurs tensoriels sont exacts à droite.*

Théorème 5.7 *(Théorème d'adjonction)*
Soit M un A-module fixé. Le foncteur $\_ \otimes M$ est adjoint à gauche du foncteur $\mathrm{Hom}(M, \_)$. *Autrement dit, il existe un isomorphisme fonctoriel en chaque variable de* $\mathrm{Hom}(L, \mathrm{Hom}(M, N))$ *dans* $\mathrm{Hom}(L \otimes M, N)$.
Preuve. *L'idée est de définir, à L et à N fixés, $\varphi_{L,N}$ et $g_{L,N}$ de la manière la plus naturelle possible, compte tenu de la forme des espaces de départ et d'arrivée désirés :*

$$\begin{array}{rccc} \varphi_{L,N} : & \mathrm{Hom}(L, \mathrm{Hom}(M, N)) & \to & \mathrm{Hom}(L \otimes M, N) \\ & \nu & \mapsto & \delta := [l \otimes m \mapsto \nu(l)(m)] \end{array}$$

et, en suivant la même idée (c'est-à-dire définir l'application la plus simple possible entre deux espaces "compliqués") :

$$\begin{array}{rccc} g_{L,N} : & \mathrm{Hom}(L \otimes M, N) & \to & \mathrm{Hom}(L, \mathrm{Hom}(M, N)) \\ & \delta & \mapsto & \nu := [l \mapsto [m \mapsto \delta(l \otimes m)]]. \end{array}$$

Une vérification immédiate permet alors de montrer que $\varphi_{L,N}$ *et* $g_{L,N}$ *sont inverses l'une de l'autre. On vérifie tout aussi facilement que les deux applications sont bien* K*-linéaires. Enfin, on vérifie (fastidieusement) la fonctorialité : il s'agit de montrer que pour tout* B*-modules* N *et* N'*, pour tout* $f \in \mathrm{Hom}(N, N')$*, on a la commutativité du diagramme habituel, c'est-à-dire que* $\varphi_{L,N'} \circ \mathrm{Hom}(L, \mathrm{Hom}(N, f)) = \mathrm{Hom}(L \otimes M, f) \circ \varphi_{L,N}$. ■

5.4 Le théorème de Watts

5.4.1 Enoncé du théorème

Théorème 5.8 *Soient* A, B *deux* K*-algèbres et* $F : \mathrm{Mod}\, A \to \mathrm{Mod}\, B$ *un foncteur* K*-linéaire. On a équivalence entre les affirmations suivantes :*

(i) F *est un foncteur exact à droite et qui préserve les sommes directes.*

(ii) Il existe un $(A - B)$*-bimodule* T *tel que l'on ait un isomorphisme fonctoriel :*

$$F \simeq \_ \otimes T.$$

En outre on peut choisir $T = F(A)$.

(iii) F *admet un adjoint à droite.*

Nous reportons la démonstration à la dernière section de manière à pouvoir présenter tout d'abord quelques lemmes utiles.

5.4.2 Lemmes

Lemme 5.3 *Soient* A *une* K*-algèbre, et* M, N *deux* A*-modules. On suppose qu'il existe un isomorphisme fonctoriel de* $\mathrm{Hom}(M, \_)$ *dans* $\mathrm{Hom}(N, \_)$ *(respectivement de* $\mathrm{Hom}(\_, M)$ *dans* $\mathrm{Hom}(\_, N)$*). Alors* M *et* N *sont isomorphes.*

Preuve. Notons $\varphi = (\varphi_Y)_Y$ notre foncteur de $\mathrm{Hom}(M, \_)$ dans $\mathrm{Hom}(N, \_)$. Ainsi, pour tout X, Y et tout morphisme f de $\mathrm{Hom}(X, Y)$, le diagramme ci-dessous commute :

$$\begin{array}{ccc} \mathrm{Hom}(M,X) & \xrightarrow{\varphi_X} & \mathrm{Hom}(N,X) \\ \downarrow_{\mathrm{Hom}(M,f)} & & \downarrow_{\mathrm{Hom}(N,f)} \\ \mathrm{Hom}(M,Y) & \xrightarrow{\varphi_Y} & \mathrm{Hom}(N,Y) \end{array}$$

On veut trouver f et g tels que $f \circ g = 1_N$ et $g \circ f = 1_M$; il est donc naturel de penser à "évaluer" le diagramme pour $X := M$ et $Y := N$. On obtient :

$$\begin{array}{ccc} \mathrm{Hom}(M,M) & \xrightarrow{\varphi_M} & \mathrm{Hom}(N,M) \\ \downarrow_{\mathrm{Hom}(M,f)} & & \downarrow_{\mathrm{Hom}(N,f)} \\ \mathrm{Hom}(M,N) & \xrightarrow{\varphi_N} & \mathrm{Hom}(N,N) \end{array}$$

c'est-à-dire : $\varphi_N \circ \mathrm{Hom}(M, f) = \mathrm{Hom}(N, f) \circ \varphi_M$.

Vu la définition de $\mathrm{Hom}(M, f)$ la manière la plus simple d'évaluer cette relation est de le faire en 1_M. Ce dont on ne se prive pas :

$$\varphi_N \circ \mathrm{Hom}(M, f)(1_M) = \mathrm{Hom}(N, f) \circ \varphi_M(1_M),$$

idem est :

$$\varphi_N(f) = f \circ \varphi_M(1_M).$$

Mais cela est vrai pour tout f. Par surjectivité de φ_N, qui est un isomorphisme, on peut donc choisir f tel que $\varphi_N(f) = 1_N$. Posons en outre $g := \varphi_M(1_M)$. On a ainsi obtenu :

$$1_N = f \circ g.$$

Il ne reste donc plus qu'à montrer "l'inverse", c'est-à-dire que $1_M = g \circ f$. On pense donc naturellement à intervertir les rôles de f et de g, ainsi que de M et de N, dans le diagramme précédent. On s'aperçoit que pour avoir une symétrie totale avec ce diagramme en M et en N on aurait besoin d'interchanger les ensembles de départ et d'arrivée de φ_N et φ_M. C'est possible en faisant appel aux applications réciproques φ_N^{-1} et φ_M^{-1}, qui existent par hypothèse. On obtient ainsi :

$$\begin{array}{ccc} \mathrm{Hom}(N, N) & \xrightarrow{\varphi_N^{-1}} & \mathrm{Hom}(M, N) \\ \downarrow_{\mathrm{Hom}(N,g)} & & \downarrow_{\mathrm{Hom}(M,g)} \\ \mathrm{Hom}(N, M) & \xrightarrow{\varphi_M^{-1}} & \mathrm{Hom}(M, M) \end{array}$$

c'est-à-dire : $\varphi_M^{-1} \circ \mathrm{Hom}(N, g) = \mathrm{Hom}(M, g) \circ \varphi_N^{-1}$.

Là aussi la forme générale invite à évaluer en l'application identité 1_N ; on obtient successivement :

$$\varphi_M^{-1} \circ \mathrm{Hom}(N, g)(1_N) = \mathrm{Hom}(M, g) \circ \varphi_N^{-1}(1_N)$$

$$\varphi_M^{-1}(g1_N) = g \circ \varphi_N^{-1}(1_N)$$

$$\varphi_M^{-1}(g) = g \circ \varphi_N^{-1}(1_N).$$

Or $\varphi_N^{-1}(1_N) = f$ et $\varphi_M^{-1}(g) = 1_M$, d'où $1_M = g \circ f$, ce qui conclut la démonstration de ce lemme fort sympathique (on procèderait de la même manière si l'hypothèse avait été celle d'un isomorphisme fonctoriel de $\mathrm{Hom}(\_, M)$ dans $\mathrm{Hom}(\_, N)$). ■

Lemme 5.4 *{[2], Prop. 2.1} Soit A une K-algèbre. Alors la suite de A-modules $L \xrightarrow{f} M \xrightarrow{g} N \to 0$ est exacte si et seulement si, pour tout A-module X, la suite induite :*

$$0 \longrightarrow \mathrm{Hom}(N,X) \stackrel{\mathrm{Hom}(g,X)}{\longrightarrow} \mathrm{Hom}(M,X) \stackrel{\mathrm{Hom}(f,X)}{\longrightarrow} \mathrm{Hom}(L,X)$$

est exacte.

Lemme 5.5 *Soient A, B deux K-algèbres. On considère deux foncteurs covariants $F : \mathrm{Mod}\, A \to \mathrm{Mod}\, B$ et $G : \mathrm{Mod}\, B \to \mathrm{Mod}\, A$ tels que (F, G) soit une paire adjointe. Alors F est exact à droite.*

Preuve. Supposons que (F, G) soit une paire adjointe. Soit :

$$\varphi_{X,Y} : \mathrm{Hom}(FX, Y) \to \mathrm{Hom}(X, GY)$$

l'isomorphisme fonctoriel en X et en Y.
Soit une suite exacte de A-modules : $L \xrightarrow{f} M \xrightarrow{g} N \to 0$.
Fixons-nous pour le moment X un B-module quelconque. Appliquant le foncteur (contravariant) $\mathrm{Hom}(F\_, X)$ à la suite précédente, on obtient la suite image, a priori non exacte, suivante :

$$0 \longrightarrow \mathrm{Hom}(FN,X) \stackrel{\mathrm{Hom}(Fg,X)}{\longrightarrow} \mathrm{Hom}(FM,X) \stackrel{\mathrm{Hom}(Ff,X)}{\longrightarrow} \mathrm{Hom}(FL,X).$$

Mais via les $\varphi_{X,Y}$ on a la correspondance suivante :

$$\begin{array}{ccccccc} 0 & \longrightarrow & \mathrm{Hom}(FN,X) & \stackrel{\mathrm{Hom}(Fg,X)}{\longrightarrow} & \mathrm{Hom}(FM,X) & \stackrel{\mathrm{Hom}(Ff,X)}{\longrightarrow} & \mathrm{Hom}(FL,X) \\ & & \downarrow \varphi_{N,X} & & \downarrow \varphi_{M,X} & & \downarrow \varphi_{L,X} \\ 0 & \longrightarrow & \mathrm{Hom}(N,GX) & \stackrel{\mathrm{Hom}(g,GX)}{\longrightarrow} & \mathrm{Hom}(M,GX) & \stackrel{\mathrm{Hom}(f,GX)}{\longrightarrow} & \mathrm{Hom}(L,GX) \end{array}$$

Comme d'après le Lemme 5.4 la dernière ligne est exacte et que les $\varphi_{X,Y}$ sont des isomorphismes, on a donc l'exactitude de la première ligne.
Ainsi :

$$0 \longrightarrow \mathrm{Hom}(FN,X) \stackrel{\mathrm{Hom}(Fg,X)}{\longrightarrow} \mathrm{Hom}(FM,X) \stackrel{\mathrm{Hom}(Ff,X)}{\longrightarrow} \mathrm{Hom}(FL,X)$$

est exacte, et ce pour tout X. Donc, toujours d'après le Lemme 5.4, on a exactitude de la suite

$$FN \xrightarrow{Fg} FM \xrightarrow{Ff} FL \longrightarrow 0.$$

D'où le résultat. ■

Théorème 5.9 *On considère le diagramme commutatif et à lignes exactes de A-modules suivant :*

$$\begin{array}{ccccccc} L & \longrightarrow & M & \longrightarrow & N & \longrightarrow & 0 \\ \downarrow f & & \downarrow g & & & & \\ L' & \longrightarrow & M' & \longrightarrow & N' & \longrightarrow & 0 \end{array}$$

Alors il existe $h : N \to N'$ rendant le diagramme commutatif. On dit que h est obtenue par passage aux conoyaux. En outre si g est un épimorphisme alors il en est de même de h.

Corollaire 5.2 *Pour le même diagramme, si f et g sont bijectives, alors il en est de même de h.*

5.4.3 Preuve du théorème 5.8

Preuve. • (ii) implique (iii). En effet, supposons qu'il existe un tel T. Par le théorème d'adjonction, le foncteur $\_ \otimes T$ admet un adjoint à droite. Il en va donc de même de F.

• (iii) implique (i). Supposons en effet que F admette un adjoint à droite, que l'on notera G. On sait alors, d'après le Lemme 5.5, que F est exact à droite. Montrons que F préserve en outre les sommes directes. Par définition de l'adjoint et du fait d'une propriété du foncteur Hom, on peut écrire (toujours à isomorphismes près), pour tout $X \in (\operatorname{Mod} B)_0$ et tout $(M_\lambda)_{\lambda\in\Lambda} \in (\operatorname{Mod} A)_0^{(\Lambda)}$,

$$\begin{aligned}\operatorname{Hom}(F(\bigoplus_\lambda M_\lambda), X) &= \operatorname{Hom}(\bigoplus_\lambda M_\lambda, GX)\\ &= \prod_\lambda \operatorname{Hom}(M_\lambda, GX)\\ &= \prod_\lambda \operatorname{Hom}(FM_\lambda, X)\\ &= \operatorname{Hom}(\bigoplus_\lambda FM_\lambda, X)\end{aligned}$$

Comme c'est vrai pour tout X, on a donc un isomorphisme fonctoriel :

$$\operatorname{Hom}(F(\bigoplus_\lambda M_\lambda), \_) \simeq \operatorname{Hom}(\bigoplus_\lambda FM_\lambda, \_).$$

D'où, d'après le Lemme 5.3 :

$$F(\bigoplus_\lambda M_\lambda) \simeq (\bigoplus_\lambda FM_\lambda),$$

idem est F préserve les sommes directes.

• (i) implique (ii). C'est la partie la plus difficile. On pose $T = F(A)$. T est donc bien un B-module (puisque les objets d'arrivée de F sont les B-modules). Afin de définir une structure de A-module sur T, on constate que F induit un morphisme de K-algèbre :

$$\operatorname{End} A \to \operatorname{End} F(A)$$

On a en outre $A \simeq \operatorname{End} A$, grâce au morphisme naturel $f : A \to \operatorname{End} A$, $a \longmapsto [b \longmapsto ba]$, de réciproque $g : \operatorname{End} A \to A$, $\rho \longmapsto \rho(a)$.
On en déduit donc un morphisme de K-algèbre $\varphi : A \to \operatorname{End} F(A)$.
On vérifie alors que l'on obtient une structure de A-module à gauche sur le B-module $T = F(A)$ en définissant la loi . par :

$$a.t := \varphi(a)(t)$$

pour $a \in A$ et $t \in T$. Cette vérification ne pose aucun problème et est laissée au lecteur ; on y utilise principalement que φ est un morphisme de K-algèbres de A dans $\operatorname{End} F(A)$. Comme $\varphi(a)$, pour $a \in A$, est un morphisme de B-modules donc B-linéaire, on démontre aisément que les deux lois sont compatibles, ce qui fait donc de T un $(A - B)$-bimodule.
Soit à présent M un A-module arbitraire. On sait d'après le Lemme 5.2 qu'il existe une suite exacte de la forme :

$$A^{(\Lambda)} \longrightarrow A^{(\Sigma)} \longrightarrow M \longrightarrow 0.$$

Appliquant F et $\_ \otimes T$ à cette suite, on obtient le diagramme commutatif à lignes exactes suivant :

$$\begin{array}{ccccccc} T^{(\Lambda)} & \longrightarrow & T^{(\Sigma)} & \longrightarrow & M \otimes T & \longrightarrow & 0 \\ \downarrow 1_{T^{(\Lambda)}} & & \downarrow 1_{T^{(\Sigma)}} & & & & \\ F(A)^{(\Lambda)} & \longrightarrow & F(A)^{(\Sigma)} & \longrightarrow & F(M) & \longrightarrow & 0 \end{array}$$

D'où l'existence, par passage aux conoyaux (Corollaire 5.2), d'un isomorphisme $M \otimes T \to F(M)$, dont on vérifie qu'il est fonctoriel. ∎

5.5 Autres théorèmes de Watts

Nous avons volontairement centré notre étude sur le produit tensoriel, mais Watts ne s'en est pas tenu à montrer ce premier théorème, il a en fait donné des caractérisations semblables pour le foncteur Hom, caractérisations que nous nous contentons ici de citer.
Voici donc deux autres théorèmes dus à Watts :

Théorème 5.10 *Soient A, B deux K-algèbres et $F : \operatorname{Mod} A \to \operatorname{Mod} B$ un foncteur K-linéaire contravariant. On a équivalence entre les affirmations suivantes :*

(i) F est un foncteur exact à gauche qui transforme les sommes directes en produits.

(ii) Il existe un $(A - B)$-bimodule T tel que l'on ait un isomorphisme fonctoriel :

$$F \simeq \mathrm{Hom}(\_\,, T).$$

En outre on peut choisir $T = F(A)$.

Théorème 5.11 *Soient* A, B *deux* K*-algèbres et* $F : \mathrm{Mod}\, A \to \mathrm{Mod}\, B$ *un foncteur* K*-linéaire covariant. On a équivalence entre les affirmations suivantes :*

(*i*) F *est un foncteur exact à gauche qui préserve les produits.*

(*ii*) *Il existe un* $(B - A)$*-bimodule* T *tel que l'on ait un isomorphisme fonctoriel :*

$$F \simeq \mathrm{Hom}(T, \_\,)$$

En outre on peut choisir $T = F(A)$.

(*iii*) F *admet un adjoint à gauche.*

Remarque 5.11 *La démonstration du Théorème 5.10 ressemble beaucoup à celle du Théorème 5.8, tandis que celle du Théorème 5.11 s'avère plus difficile. L'ouvrage d'Ibrahim Assem [1] en présente les démonstrations.*

Bibliographie

[1] Ibrahim Assem, Algèbres et modules, Cours et exercices, Masson 1997.

[2] S. Lang, Algebra, Springer, 3e édition, 2002.

[3] M.-P. Malliavin, Algèbre commutative : applications en géométrie et théorie des nombres, Masson, coll. Maîtrise de Mathématiques Pures, 1985.

[4] J. Querré, Cours d'algèbre, Maîtrise de mathématiques, Masson, 1976.

Chapitre 6

Deux théorèmes sur les graphes

Deux théorèmes importants en théorie des graphes.

(Fabien Mercier [1])

Introduction : Le but de cet article est de présenter un rapide aperçu de la théorie des graphes, introduite en France par Claude Berge à la fin des années 50. On a choisi pour se faire de présenter au lecteur deux théorèmes centraux en théorie des graphes. Le premier concerne les graphes non orientés, et plus précisément les graphes bipartis. C'est sans doute le théorème le plus connu, il a été obtenu par Hall [5] en 1935. Le second concerne les graphes orientés. Il s'agit du Théorème de Gallai-Milgram. Il généralise un théorème bien connu de Dilworth sur les ordres partiels [3].

6.1 Définitions et notations

On appelle *graphe non-orienté* G la donnée d'un ensemble fini $V(G)$ de *sommets* et d'un sous-ensemble $E(G)$ de l'ensemble des parties à deux éléments de $V(G)$, appelées *arêtes*. Une arête de G est donc un élément de la forme $\{x, y\}$ où x et y sont des sommets de G. On note parfois xy l'arête $\{x, y\}$.

La Figure 6.1 représente un graphe non-orienté à quatre sommets dont l'ensemble des sommets est $\{1, 2, 3, 4\}$ et l'ensemble d'arêtes :

$$\{\{1,2\}, \{2,3\}, \{1,4\}, \{4,2\}\}.$$

[1] Université Paris VI - Pierre et Marie Curie.

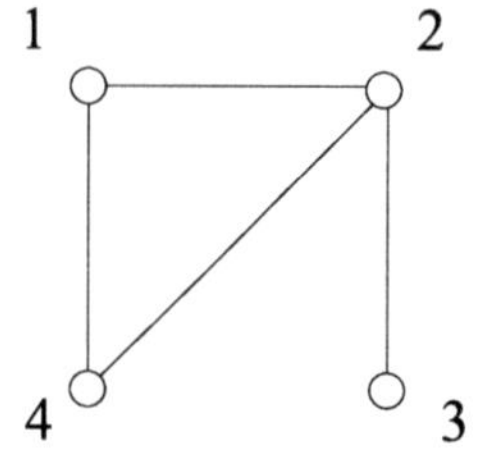

FIG. 6.1 – Représentation d'un graphe non-orienté de quatre sommets

Lorsqu'aucune confusion n'est à craindre, on tend à noter V (resp. E) pour $V(G)$ (resp. pour $E(G)$). On notera parfois $G = (V, E)$ pour signifier que G est le graphe dont l'ensemble des sommets est V et dont l'ensemble des arêtes est E.

La *cardinalité* ou *ordre* d'un graphe G est son nombre de sommets, que l'on note $|V(G)|$.
De même, si X est une partie de $V(G)$, on note $|X|$ le nombre d'éléments de X. Tous les graphes considérés ici sont de cardinalité finie.

On appelle *digraphe* G la donnée d'un ensemble fini $V(G)$ de *sommets* et d'un ensemble $E(G) \subseteq V(G) \times V(G)$ d'*arcs*, où $\times$ désigne le produit cartésien d'ensembles. Un arc de G est donc un élément de la forme (x, y) où x et y sont des sommets de G, et on peut, en toute généralité, avoir des arcs de la forme (x, x), qui s'appellent des *boucles*.

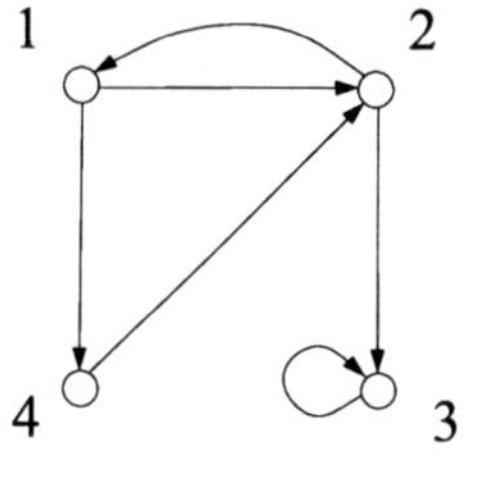

FIG. 6.2 – Représentation d'un digraphe

Soit G un graphe. Soient x et y deux sommets de G. Si $e = \{x, y\}$ est un arc de G, on dit que y est un *voisin* de x. Pour x sommet de G on désigne par $N_G(x)$, ou tout simplement $N(x)$ lorsqu'aucune confusion n'est à craindre, l'ensemble des voisins de x. On l'appelle *voisinage* de x. Ainsi :

$$N_G(y) = \{z \in V \mid \{x, y\} \in E\}.$$

On définit en outre le *voisinage d'une partie* $X \subset V(G)$ par :

$$N(X) = \bigcup_{x \in X} N(x)$$

On dit que $P = x_1x_2...x_n$ est un *chemin* de G digraphe si P est un sous-graphe de G tel que $V(P) = \{x_1, x_2, ..., x_n\}$ et :

$$E(P) = \{(x_1, x_2), (x_2, x_3), ..., (x_{n-1}, x_n)\}.$$

Le sommet x_1 est appelé *sommet initial* ou *début* de P, et le sommet x_n *sommet terminal* ou *fin* de P. Notez qu'écrire $V(P) = \{x_1, x_2, ..., x_n\}$ suppose les sommets x_i distincts.

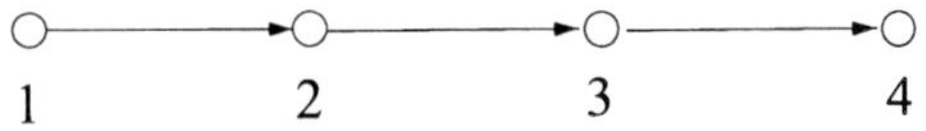

FIG. 6.3 – Un chemin sur quatre sommets

On appelle *longueur* d'un chemin son nombre d'arcs, c'est-à-dire le nombre de ses sommets moins un.

On dit que $C = x_1x_2...x_nx_1$ est un *circuit* de G si C est un sous-graphe de G tel que $V(C) = \{x_1, x_2, ..., x_n\}$ et :

$$E(C) = \{(x_1, x_2), (x_2, x_3), ..., (x_{n-1}, x_n), (x_n, x_1)\}.$$

Si $P = x_1x_2...x_n$ et $Q = y_1y_2...y_m$ sont deux marches, et que $x_n = y_1$, on note $P * Q$ la marche obtenue par concaténation des marches P et Q. Ainsi $P * Q = x_1x_2...x_ny_2...y_m$. Notons que la concaténation de deux chemins n'est *a priori* qu'une marche (et non un chemin). De même si $(x, y) \in E(G)$, et $x = x_n$, on note $P * (x, y)$ la marche $x_1x_2...x_ny$.

Si $X \subset V(G)$ est un ensemble de sommets de G, on appelle *graphe induit par X dans G*, que l'on note $G[X]$, le sous-graphe de G dont les sommets sont les éléments de X et dont les arcs sont tous les arcs de G ayant les deux extrémités dans X. On veillera à ne pas confondre cette notation avec celle du produit lexicographique, introduit plus loin.

Pour $X \subset V(G)$, On note $G - X := G[V(G) - X]$. Si l'ensemble X est réduit à un unique élément x, on abrège $G - X$ en $G - x$.

Si G est un graphe, on appelle *stable* de G un ensemble de sommets de G deux à deux non liés. Un *stable maximum* de G est un stable de cardinalité maximale, tandis qu'un *stable maximal* est un stable qui est maximal pour l'inclusion,

FIG. 6.4 – Un graphe G et un sous-graphe induit de G

c'est-à-dire qu'il n'existe pas de stable de G qui le contienne strictement. Un stable maximum de G est donc maximal, la réciproque étant en général fausse.

La cardinalité d'un stable maximum de G est appelée *stabilité*, ou parfois *nombre d'indépendance*, de G, et notée $\alpha(G)$.

On appelle *graphe complet* de n sommets, que l'on note quelquefois K_n, le graphe non-orienté de n sommets et de $n(n-1)/2$ arêtes : deux sommets quelconques de ce graphe sont donc toujours liés. Une *clique* d'ordre s de G est un ensemble de s sommets de G qui induit un graphe complet de cardinalité s.

On a encore besoin de quelques définitions pour présenter le premier théorème : on appelle *graphe biparti* tout graphe G dont les sommets peuvent être partitionnés en deux stables, que l'on appelle *classes de sommets* de G. Un *couplage*, dans un graphe quelconque, est un ensemble d'arêtes du graphe deux à deux non incidentes, c'est-à-dire n'ayant pas de sommets communs. Un sommet appartenant à une arête de ce couplage est dit *couvert* par ce couplage.

6.2 Théorème de Hall

Trouver un couplage dans un graphe biparti intervient dans de nombreuses situations de la vie quotidienne.

Un des plus célèbre résultats de théorie des graphes est le théorème de Hall [5], qui donne une condition nécessaire et suffisante pour l'existence de couplages couvrants tous les sommets de l'une des classes de la partition dans un graphe biparti :

Théorème 6.1 (Hall, 1935) *Soit G un graphe biparti, de classes de sommets A et B. Alors G possède un couplage couvrant tous les sommets de la classe A si, et seulement si, la condition de Hall est satisfaite :*

$$\forall S \subset A \quad |N_G(S)| \geq |S|.$$

Preuve. Clairement, la proposition est nécessaire : si un couplage couvrant tous les sommets de A existe, alors toute sous-partie S de A a plus de voisins communs (dans B) que son propre cardinal, puisque chaque $s \in S$ est couplé à un élément $c(s)$ de B, et que par définition d'un couplage ces éléments $c(s)$ sont disjoints.

On démontre la réciproque par récurrence sur $|A|$. Si $|A| = 1$, alors par la condition de Hall, le sommet de A a bien un voisin et un couplage le recouvrant existe. Supposons $|A| > 1$ et que le résultat est vrai pour tout graphe biparti de classes A', B' avec $|A'| < |A|$.

Supposons que l'inégalité de la condition de Hall soit toujours stricte. Soit alors ab une arête de G. Soit G' le graphe obtenu à partir de G en supprimant les sommets a et b (FIG. 6.5).

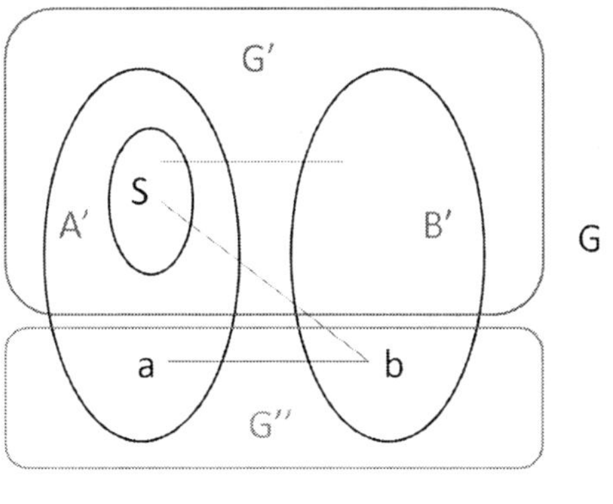

FIG. 6.5 – Premier cas dans la preuve du théorème de Hall

On a, pour tout $S \subset A \setminus \{a\}$,

$$|N_{G'}(S)| = \begin{cases} |N_G(S)| \\ \text{ou} \\ |N_G(S)| - 1, \end{cases}$$

donc $|N_{G'}(S)| \geq |N_G(S)| - 1$. D'où la condition de Hall vérifiée pour G' :

$$\forall S \subset A - \{a\} \quad |N_{G'}(S)| \geq (|S| + 1) - 1 = |S|.$$

Par hypothèse de récurrence, on obtient un couplage recouvrant tous les éléments de $A \setminus \{a\}$, auquel on ajoute l'arête ab pour obtenir au final un couplage recouvrant tous les sommets de A.

Supposons à présent qu'il existe $A' \subset A$ tel que $|N_G(A')| = |A'|$.
Soit $B' = N_G(A')$, et $G' = G[A' \cup B']$ (FIG. 6.6). Puisque :

$$\forall S \subset A' \quad N_{G'}(S) = N_G(S) \subset N_G(A') = B',$$

la condition de Hall est vérifiée pour G'. Soit $G'' = G - A' \cup B'$. Si G'' ne vérifiait pas la condition de Hall, on aurait un ensemble $S \subset A - A'$ tel que $|N_G(S)| < |S|$. Mais alors en considérant l'ensemble de sommets $A' \cup S$ dans G on obtiendrait :

$$\left|N_G(A' \cup S)\right| \leq \left|N_G(A')\right| + |N_G(S)| < \left|A'\right| + |S| = \left|A' \cup S\right|,$$

une contradiction avec la condition de Hall pour G. Ainsi la condition de Hall est vérifiée pour G'' également. Par l'hypothèse de récurrence appliquée à G' et à G'' on obtient deux couplages couvrant respectivement A' et $A - A'$, d'où un couplage pour G. ■

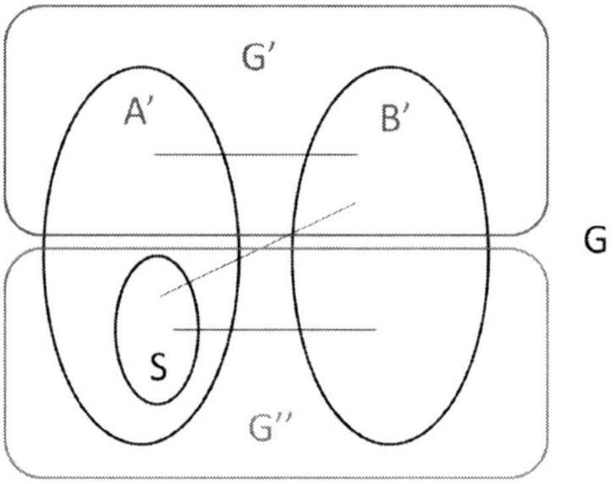

FIG. 6.6 – Deuxième cas dans la preuve du théorème de Hall

Remarque 6.1 *Il existe d'autres preuve du théorème de Hall, en particulier une preuve plus "algorithmique" qui utilise la notion de chemin alterné et montre que le problème de trouver un couplage de taille maximal dans un graphe biparti est polynomial. Nous utiliserons aussi ce résultat.*

6.3 Théorème de Gallai-Milgram

On présente à présent le second théorème.

Une *partition d'un graphe G en chemins* est la donnée d'un ensemble de chemins du graphe G tel que tout sommet de G appartienne à exactement un chemin. Le théorème de Gallai-Milgram affirme qu'il existe toujours une partition en moins de $\alpha(G)$ chemins, où $\alpha(G)$ désigne la stabilité du graphe G.

Notons $\pi(G)$ la cardinalité minimale d'une partition de G en chemins. Le théorème de Gallai-Milgram s'exprime donc par :

Théorème 6.2 (Gallai-Milgram) *Pour tout graphe G, on a $\pi(G) \leq \alpha(G)$.*

Preuve. On démontre par récurrence un résultat un peu plus fort : pour toute partition en chemins $\mathcal{P}$ de G tel que $|\mathcal{P}| > \alpha(G)$, il existe une partition en chemins $\mathcal{Q}$ de G telle que l'ensemble des sommets terminaux des chemins de $\mathcal{Q}$, noté ter$(\mathcal{Q})$, soit inclus strictement dans l'ensemble ter$(\mathcal{P})$ des sommets terminaux de $\mathcal{P}$.

Soit $\mathcal{P}$ une partition en chemins de G telle que $|\mathcal{P}| > \alpha(G)$.

Comme $|\text{ter}(\mathcal{P})| = |\mathcal{P}| > \alpha(G)$, ter$(\mathcal{P})$ n'est pas un stable de G, donc il existe une arête (x, y) avec x et y dans ter$(\mathcal{P})$. Si y appartient à un chemin de cardinalité 1 de $\mathcal{P}$ alors on obtient $\mathcal{Q}$ en ajoutant l'arête (x, y) au chemin P_x de $\mathcal{P}$ terminant en x. Formellement cela revient à poser :

$$\mathcal{Q} = (\mathcal{P} - \{P_x, y\}) \cup \{P_x * (x, y)\}.$$

Sinon, soit y' le sommet précédent y sur le chemin de $\mathcal{P}$ terminant en y.

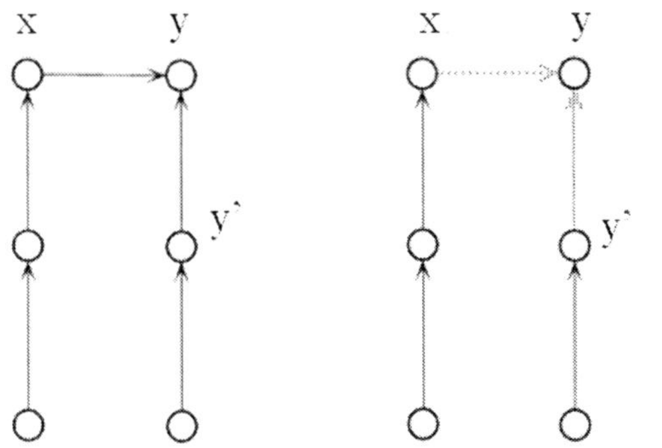

Suppression du sommet y et application de l'hypothèse de récurrence

Considérons le graphe $G' = G - y$ et la trace $\mathcal{P}'$ de $\mathcal{P}$ sur G'. Par hypothèse de récurrence, il existe une partition en chemin $\mathcal{Q}'$ de G' telle que

$$ter(\mathcal{Q}') \subsetneq ter(\mathcal{P}').$$

Si $x \in \text{ter}(\mathcal{Q}')$ on obtient $\mathcal{Q}$ à partir de $\mathcal{Q}'$ en ajoutant au chemin se terminant en x l'arête (x, y). Si $y' \in \text{ter}(\mathcal{Q}')$ on obtient $\mathcal{Q}$ à partir de $\mathcal{Q}'$ en ajoutant au chemin terminant en y' l'arête (y', y). Enfin, si ni x ni y' n'appartiennent à ter($\mathcal{Q}$), cela signifie que $|\mathcal{Q}| \leq |\mathcal{P}| - 2$, et l'on peut donc définir $\mathcal{Q}$ par $\mathcal{Q} = \mathcal{Q}' \cup \{y\}$. ■

6.4 Application : le théorème de Dilworth

On appelle digraphe *transitif* tout graphe pour lequel avoir $(x, y) \in E(G)$ et $(y, z) \in E(G)$ implique $(x, z) \in E(G)$. On peut donc représenter tout ordre partiel sur un ensemble fini par un digraphe transitif sans circuit, où l'arc (x, y) existe si, et seulement si, x est (strictement) plus grand que y.

Si l'ordre est total, on obtient un *tournoi*, c'est-à-dire un digraphe tel que, pour toute paire (x, y) de sommets, soit (x, y) soit (y, x) est un arc. On appelle souvent *antichaîne* un stable dans un graphe transitif.

Soit G un digraphe transitif. D'après le théorème de Gallai–Milgram, on a $\pi(G) \leq \alpha(G)$. Soit $\mathcal{P}$ une partition en chemin de G de cardinalité minimale. On a donc $|\mathcal{P}| = \pi(G)$. Si $\pi(G) < \alpha(G)$ alors en considérant un stable maximum S on voit qu'au moins deux sommets x, y de S appartiennent au même chemin P de $\mathcal{P}$. Mais comme G est un digraphe transitif cela implique — suivant la position relative de x et de y sur le chemin P — que $(x, y) \in E(G)$ ou que $(y, z) \in E(G)$, ce qui contredit le fait que S est un stable. Ainsi on obtient le théorème de Dilworth :

Théorème 6.3 ***(Dilworth)*** *Dans un graphe transitif sans circuit, la cardinalité maximale d'une antichaîne est égale à la cardinalité minimale d'une partition en chemins couvrants.*

La preuve du Théorème de Dilworth [3], telle qu'elle apparaît dans l'article originel de Dilworth, c'est-à-dire formulée dans le cadre des ensembles munis d'un ordre ("posets" en Anglais, pour Partially Ordered Set"), peut sembler beaucoup plus difficile à comprendre que celle de Gallai–Milgram, formulée en de simples termes de graphes orientés.

La démonstration précédente montre ainsi que la théorie des graphes peut fournir un cadre utile pour visualiser et démontrer des problèmes apparemment abstraits, voire généraliser des résultats concernant certaines structures à des graphes ayant encore moins de structure.

Bibliographie

[1] J. A. Bondy, U. S. R. Murty, *Graph Theory, Graduate Texts in Mathematics, 244, Springer, London, 2008.*

[2] R. Diestel, *Graph Theory*, Third Edition, Springer 2006.

[3] R. P. Dilworth, *A decomposition theorem for partially ordered sets, Amer. Math. Soc. 51 (1950), 161-166.*

[4] T. Gallai, A. N. Milgram, *Verallgemeinerung eines Graphentheoretischen Satzes von Rédei, Acta Sc. Math. 21 (1960) 181-186.*

[5] P. Hall, *On representation of subsets. J. London Math. Soc. 10 (1935), 26-30.*

Au sujet de la revue LMEC :

► **Nature de la publication** : La revue "Lectures sur les Mathématiques, l'Enseignement & les Concours" est une revue généraliste de mathématiques dont l'objectif est de proposer des articles originaux de sensibilités diverses, avec une prédilection pour les articles de réflexion sur l'enseignement et/ou les concours, les synthèses de connaissances, et les développements sur les thèmes de la préparation aux concours.

► **Contributions** : La revue est ouverte aux contributions des collègues de la maternelle à l'université dans les domaines des mathématiques et de la pratique de l'enseignement des mathématiques. Des articles de vulgarisation, d'autres portant sur l'histoire de la discipline, ou encore des articles de synthèse dans des domaines particuliers seront les bienvenus, notamment ceux qui permettent d'approfondir des parties des programmes des concours ou d'offrir du recul au lecteur.
Proposez vos articles à l'adresse <dany-jack.mercier@univ-ag.fr>.

► **Directeur de la publication** : Dany-Jack Mercier, Maître de Conférences à l'IUFM de Guadeloupe.

► **Informations** : La revue LMEC est le fruit d'une initiative personnelle, et le résultat d'un partenariat avec les "Editions Publibook Université".
Les deux premiers volumes sont parus en 2009 et 2010. Ce troisième opus s'intéresse plus particulièèrement aux oraux des concours de mathématiques.

Imprimé en France - JOUVE, 1, rue du Docteur Sauvé, 53100 MAYENNE
N° 657983M - Dépôt légal : avril 2011